非标准建筑笔记

Non-Standard
Architecture Note

非标准概念
当代国际竞赛"非常规概念重置"

Unconventional
Concept Reset

丛书主编　赵劲松

马　辰　编　著

 中国水利水电出版社

www.waterpub.com.cn

·北京·

序
PREFACE

关于《非标准建筑笔记》

这是我们工作室《非标准建筑笔记》系列丛书的第三辑，一共八本。如果说编辑这八本书遵循了什么共同原则的话，我觉得那可能就是"超越边界"。

有人说："世界上最早意识到水的一定不是鱼。"我们很多时候也会因为对一些先入为主的观念习以为常而意识不到事物边界的存在。但边界却无时无刻不在潜移默化地影响着我们的行为和判断。

费孝通先生曾用"文化自觉"一词讨论"自觉"对于文化发展的重要意义。我觉得"自觉"这个词对于设计来讲也同样重要。当大多数人在做设计时无意识地遵循着约定俗成的认知时，总有一些人会自觉到设计边界的局限，从而问一句"为什么一定要是这个样子呢？"于是他们再次回到原点去重新思考边界的含义。建筑设计中的创新往往就是这样产生出来的。许多创新并不是推倒重来，而是寻找合适的契机去改变人们观察和评价事物的角度，从而在大家不经意的地方获得重新整合资源的机遇。

我们工作室起名叫非标准建筑，也是希望能够对事物标准的边界保持一点清醒和反思，时刻提醒自己世界上没有什么概念是理所当然的。

在丛书即将付梓之际，衷心感谢中国水利水电出版社的李亮分社长、杨薇编辑以及出版社各位同仁对本书出版所付出的辛勤努力；衷心感谢各建筑网站提供的丰富资料，使我们足不出户就能领略世界各地的优秀设计；衷心感谢所有关心和帮助过我们的朋友们。

天津大学建筑学院

非标准建筑工作室

赵劲松

2017 年 4 月 18 日

前　言
FOREWORD

人的内心诉求

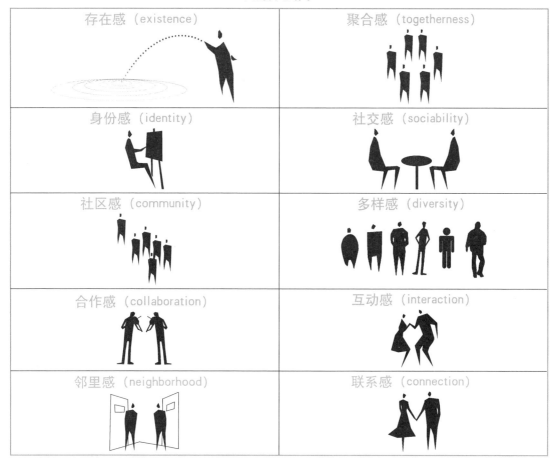

存在感（existence）	聚合感（togetherness）
身份感（identity）	社交感（sociability）
社区感（community）	多样感（diversity）
合作感（collaboration）	互动感（interaction）
邻里感（neighborhood）	联系感（connection）

当代国际建筑设计竞赛中所呈现的空间都表现了不同的空间概念和人的内心诉求，这些诉求是人类的某种心理需求，如存在感、聚合感、身份感、社交感、社区感、多样感、合作感、互动感、邻里感、联系感等。

在这些内心诉求的引导下，建筑师设立多样的空间概念来指导空间的设想与创造，用不同的空间形式与状态引起人们的情感共鸣。从诉求到空间概念，再到空间设计，这是感性与理性碰撞的过程，也是赋予空间社会价值与意义的过程。

空间诉求是建筑空间创作的最初意念与希冀，进而由此产生出空间概念。空间概念作为诉求与空间设计在思维上的过渡，指导空间设计，使得空间诉求得以具体化、形象化。这里的概念是指对于空间性格的描述，比如空间的模糊性、不确定性、开放性等，也指的是空间的特点与状态。空间概念可以使空间诉求具象化，给建筑师将要营造的空间愿景，是一种空间的倾向性和场景状态，是一种对于空间体验的预知。

空间诉求、空间概念、空间阐释的关系

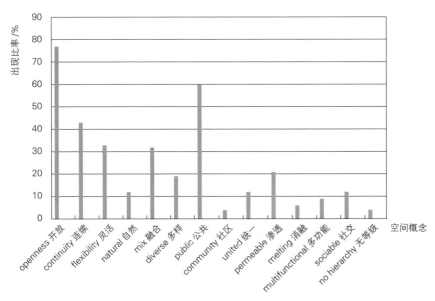

不同空间概念在国际建筑设计竞赛中出现的比率

本书对国际建筑设计竞赛100个获奖案例进行统计和分析，归纳出使用频率最高的空间概念。

建筑师对建筑开放性、连续性、灵活性、融合性的追求，在建筑设计竞赛中表现得尤为突出。而开放性和公共性是被关注得最多的。

空间诉求的阐释方法包括以下几种。

·模糊的开放性。开放性手法包括底部开放、中层开放、顶部开放、外层开放、中心式开放、整体式开放、局部开放、综合式开放等。

·复杂的连续性。连续性手法包括线性空间、平面空间、线面综合等。

·不确定的融合性。融合性手法包括无走道式、交错式、单元社区式、溶质溶液式等。

·多样的灵活性。灵活性手法包括通过位置和功能的改变、通过空间的借用等。

·可感知的自然性。自然性手法包括以五官感知、以状态感知等。

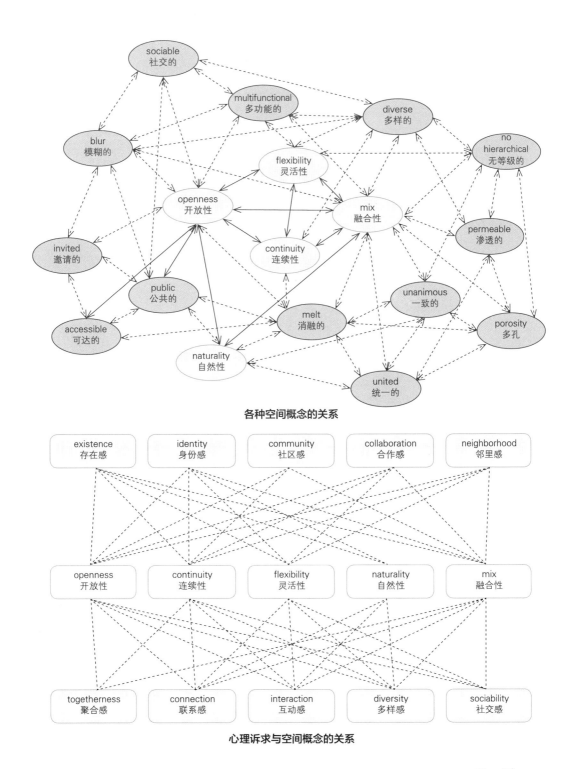

各种空间概念的关系

心理诉求与空间概念的关系

马　辰

2017 年 2 月

目　录
CONTENTS

序 关于《非标准建筑笔记》 002

前言 004

01 模糊的开放性 010

02 复杂的连续性 090

03 不确定的融合性 116

04 多样的灵活性 138

05 可感知的自然性 152

01

模糊的开放性

开放性（openness），这一空间概念在建设项目竞标方案的公共空间设计中最为常见，建筑师总是希望通过开放的空间吸引更多的人进入其中，使人们相遇（encounter），产生更多的事件（events），也希望借助不同人的不同行为（behavior）以及人们在不同时间发生的接触来创造丰富的空间体验（feeling/experience），并以此促进人与人之间的交流、分享（share）等互动（interaction）。这种互动将进一步帮助人们感知自我的存在（existence）和身份（identity），或促使人们产生社区感（community）、合作感（collaboration）等，使人们潜藏在内心的诉求得到满足。

模糊的开放性，是指开放空间与周围的空间有良好的渗透性，没有明显的空间边界。这种不确定性促使人们聚集和交流，产生多样互动。同时，在模糊的开放空间中，可能存在不同程度的半私密或半开放空间，空间具有多种封闭与开放的倾向性，更具包容性。这种模糊的开放空间是各种互动行为发生的催生场所，它使建筑与人的关系更加紧密。

但是，在建筑哪些部位开放？怎样将模糊的开放性运用得恰到好处？对于竞标来说，这些是十分关键的问题。按照开放位置的不同，模糊的开放空间可分为8种类型：底部开放、中层开放、顶部开放、外层开放、中心式开放、整体式开放、局部开放和综合式开放。每种类型的特征也会因项目条件而异。从本章的案例中，可以看到设计的特别之处。

·底部开放，即在建筑的首层设置开放空间。

·中层开放。相对于首层开放，中间层的开放在与地面的联系上没有那么直接，但是中间层开放可以将建筑体量打断，将建筑上下部分的功能分开，使建筑更加透气，有悬浮之感。而且中层开放可以创造空中共享平台，为不同使用人群提供了相遇和交流的机会。行为的交织带来更多的可能性，这正是当下建筑师们所关注的。中层开放的切入点可以是城市交通、基地条件、建筑功能体块组合等。

·顶部开放。顶部开放的设计提供了一个新的生活场所。在拥挤的城市环境中，顶层平台给人一种与世隔绝的特殊感受，例如，新加坡滨海湾金沙酒店的屋顶游泳池带给人们亲近天空、回归自然的体验。顶部开放平台还可以让人们远眺城市，给人们提供一个观赏城市的特殊角度，给人独特的体验和强烈的存在感。

·外层开放。建筑的开放可以是多样的，关键在于追求什么样的空间状态。外层开放对建筑做了内外划分，形成了新的空间层次与状态。

·中心式开放。"中心"可以是平面几何中心，也可以是三维空间的几何中心。中心式开放将发挥建筑中心部位的吸引和辐射作用，将人们吸引并聚集到中心，并将开放的气氛向周围扩散。中心式开放的切入点可以是建筑与城市的关系、建筑功能自组织等。

·整体式开放。这种类型的建筑具有与自然或/和城市融合的特点。如果希望建筑最大限度地与自然或/和城市交融时，可以将建筑尽量地打开，形成以一个屋顶覆盖的整体开敞空间，或是把建筑的每个单元都尽量地开放。整体式开放的切入点可以是城市交通、建筑与自然的关系、建筑与城市的关系、建筑自我功能向外延伸等。

·局部开放。对建筑开放的位置没有任何限制，可以根据空间的需要，在建筑的任何一个部位或角落设计开放空间，创造令人意外的效果。局部开放可以使整个建筑空间达到打破均衡、产生重点的效果。局部开放的切入点可以是建筑与城市、自然的关系，也可以是建筑功能自组织等。

·综合式开放。在有些建筑项目竞标中，建筑师会采用多种开放空间形式，把不同类型开放空间的优势予以叠加，以求获得更好的空间效果。

不同位置的模糊性开放，具有不同的效果，任何区域的模糊性开放都能给公共空间带来新意，在这些模糊区中，人们相遇互动，感知内心。

　　以下通过案例对模糊的开放性的概念作具体阐释，并根据项目的性质、基地地形、城市流线、建筑师对城市的再思考、对建筑功能的再组织等在开放性设计中寻求创新的切入点。这些切入点是保证开放性的设计方法具有创新性的重要因素。

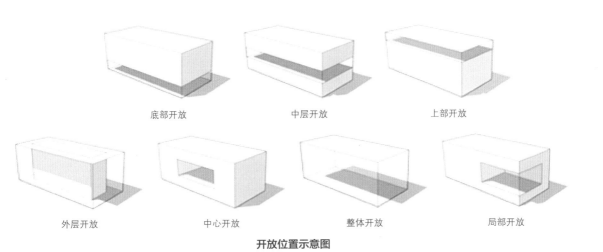

底部开放　　　　　　　　　中层开放　　　　　　　　　上部开放

外层开放　　　　　　中心开放　　　　　　整体开放　　　　　　局部开放

开放位置示意图

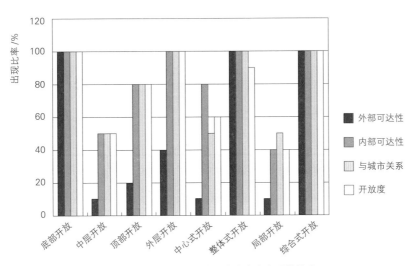

开放性手法在国际建筑设计竞赛中出现的比率

底部开放

延续自然

项目名称：德国柏林自然科学博物馆建筑设计竞赛（2014 年）
建筑设计：NAS 建筑事务所
奖　　项：第一名
图片来源：http://www.nasarchitecture.com

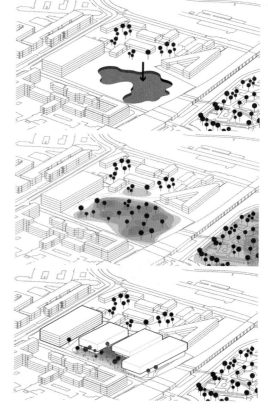

底部开放可以保证人们视线的连续。底部开放向外展示建筑内部的活动，为建筑增加生命力，并吸引人们进入建筑内部。

在这个项目中，建筑师将底部开放运用得十分巧妙，使建筑空间更加具有自然和艺术气息。项目基地旁边是柏林动物园，建筑师希望保持自然地质的自然状态，同时也要保证博物馆建筑与周围既有建筑以及规整的城市肌理相协调，所以开放的建筑首层就成了自然环境与人工环境融合、转换的关键性空间。建筑师把开放的建筑首层处理成自然环境地形——自然坡地，使建筑外部的自然环境状态延伸至建筑内部。首层空间中设置了展览、观演等多种功能，功能空间相互融合，并形成了多样化的通行路径。中庭、天井等将建筑内部竖向空间连通。这种首层开放的方式延续了周围环境的自然性，在建筑外环境和内环境之间形成了巧妙的过渡（也就是所谓的 in between 状态）。

RESEARCH 研究
EDUCATION 教育
ADMINISTRATION 管理

RATIONNALISATION 合理性
NATURAL LIGHT 自然光
EFFICIENCY 效率

HALL 走廊
LOBBY 大厅
ORIENTATION 方向

IN BETWEEN

FREE PATH 自由路径
LARGE SPACE 大空间
EASY ORIENTATION 方便定位

MUSEUM 博物馆
EXPOSITION 展　览
AUDITORIUM 听众席

DISCOVERY 发现
EXPLORATION 探索
MULTIPLE PATH 多样的路径

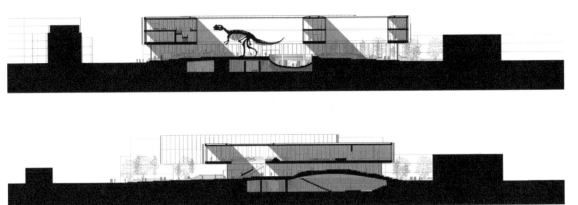

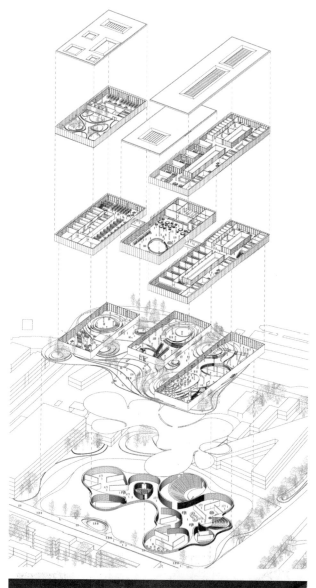

底部开放

城市慢行道

项目名称：中国杭州门户塔楼建筑设计竞赛（2010 年）
建筑设计：JDS 事务所
奖　　项：第一名
图片来源：http://jdsa.eu/hang

WALKING STREET CONNECTING
TWO COMMERCIAL ZONES
连接两个商业区的街道

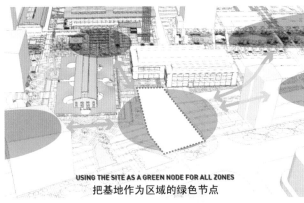

USING THE SITE AS A GREEN NODE FOR ALL ZONES
把基地作为区域的绿色节点

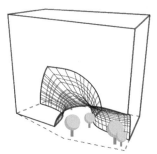

在 2010 年的杭州门户塔楼建筑设计竞赛中，JDS 事务所获得第一名，其设计方案同样采用了底层开放的手法，既保持了基地两侧商业区的联系，又创造了一个联系周边各区域的绿色节点空间。建筑以一个矩形体量为基础，建筑师在这个矩形形体上"钻出"一条连接周边两个商业区的通道，以便人们快捷地通过。设计没有就此终止，建筑师还把通道做下沉处理，形成一个下沉式商业广场。如此，既保证了城市商业流线的连续性，又创造了一个充满人气的室外广场。

建筑师对建筑基址与周边区域的关系进行了深入思考，设计方案不仅着眼于建筑本身，而且从整个城市的视角推敲了建筑的形体以及其所带来的城市空间，这是获奖的关键原因。这种经过推敲的开放性空间，才具有真正的魅力。

底部开放

生活广场

项目名称：法国波尔多文化中心建筑设计竞赛（2012 年）
建筑设计：BIG 建筑事务所
奖　　项：第一名
图片来源：http://www.big.dk/#projects-meca

　　该建筑内部设有三个文化机构，即当代艺术基金会、文化代理机构和艺术表演机构。建筑师把这三个文化机构竖向布置在一栋建筑中，并沿河设计了一个供三个机构共享的广场空间。这个广场与城市之间通过一条坡道相连。坡道贯穿建筑，打通视线，人们可以沿坡道穿越建筑，城市交通流线也变得更加顺畅、人性化。广场还可作为三个机构的室外场地，用作室外艺术展区、室外舞台或电影院等。在该方案中，底层开放使得城市生活延伸到建筑内部，也使建筑成为城市的一部分。

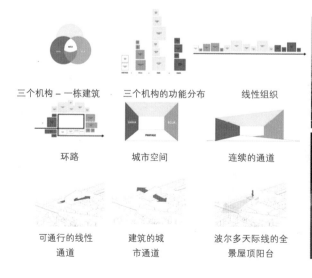

三个机构 – 一栋建筑　　　三个机构的功能分布　　　线性组织

环路　　　　　城市空间　　　　连续的通道

可通行的线性　　　建筑的城　　　波尔多天际线的全
通道　　　　　市通道　　　　景屋顶阳台

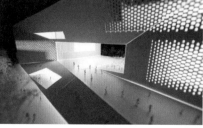

底部开放

空间裁剪

项目名称：中国北京丽泽金融商务区建筑设计竞赛（2013 年）
建筑设计：DOS 建筑事务所
奖　　项：第一名
图片来源：http://www.dosarchitects.com/index.php?nav=project_
　　　　　details&idproject=140

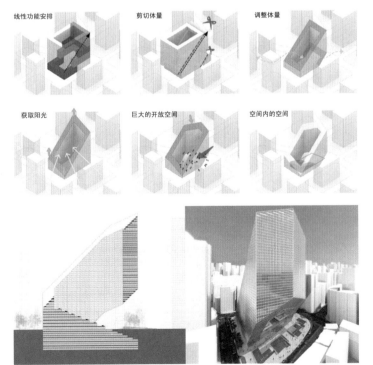

线性功能安排　　　　剪切体量　　　　调整体量

获取阳光　　　　巨大的开放空间　　　　空间内的空间

建筑师通过对盒状（box）建筑体量进行"剪切"，使建筑退让部分空间给城市，这样，建筑获得了良好的日照，也拥有了底层庭院。庭院使建筑与城市的界面关系变得缓和，庭院也为城市提供了活动空间。同时，"剪切"使建筑产生了层层退台，为使用者创造了室外休闲场所。这种底层开放的结果是：建筑既保持与城市的联系，又以退让的姿态与城市对话；人们在此既有庇护感又无封闭感；形成了封闭与开放的复合空间。这样的空间是下，是里，也是外。

底部开放

超级架空

项目名称：中国台中城市文化中心建筑设计竞赛（2013 年）
建筑设计：艾森曼
奖　　项：第三名
图片来源：http://www.treemode.com/case/selected/21.html

　　项目基地北侧是会议中心，东侧是商业群，南侧是公园。建筑师依据周围主要建筑物建立了南北向轴线，依据现有街道框格建立了小的垂直轴线，两个交错的轴线把控着开放层的路径。

　　同样是采用底部开放的手法，但从开放空间与实体空间的高度比例上看，这个设计方案具有自己的特点：底部开放空间的高度比较大，给整个建筑带来了不一样的效果。就视线而言，大尺度的底部开放便于形成城市对景，使开放空间与城市空间形成更强的对话关系。就建筑视觉效果而言，大尺度的底部开放有助于凸显建筑体量，可以夸大建筑的宏大感，使面积较小的建筑具有大型建筑的气势，与设计者所追求的建筑气质相契合。

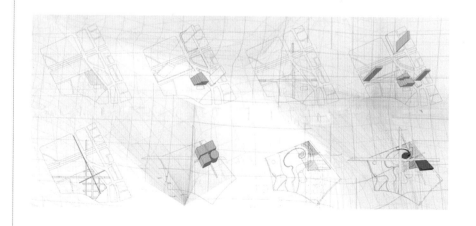

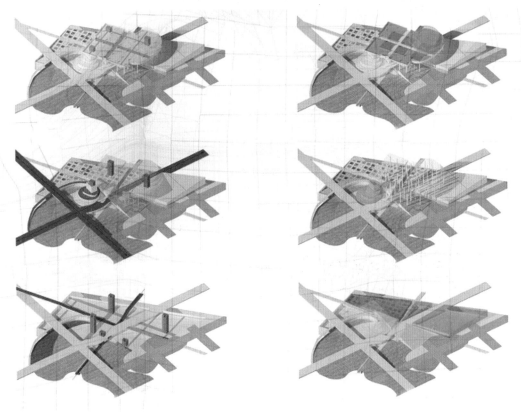

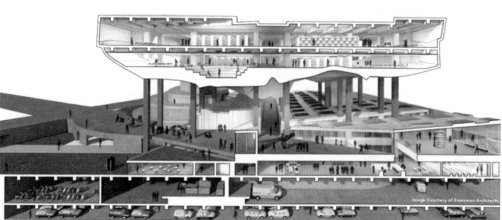

Image Courtesy of Eisenman Architects

中层开放

360°视角

项目名称：德国柏林 Volt 体验中心建筑设计竞赛（2014 年）
建筑设计：J. 梅耶尔（J. Mayer）建筑事务所
奖　　项：第一名
图片来源：http://www.archdaily.com/505983/j-mayer-h-wins-competition-
　　　　　to-design-berlin-experience-center/

　　建筑师认为该竞赛方案中最吸引人的是那透明闪亮、贯穿整个建筑的玻璃层，它就像有张力的裂缝一样。这个开放的中间层有两个重要意义：首先，该层与附近的火车站高架桥在同一个高度上，具有良好的可达性，可以吸引人流，而且还连通城市空间，使城市交通流线得到了更好的整合；其次，中间层可以带来更灵活的视野，空间可以向上延续还可以向下拓展，渗透性极好。体验中心里设有室内跳伞、冲浪等体验活动，在中间层的高度上可以以更多的视角观看体验空间，空间的组织与流动也具有更多灵活性，更加丰富。这种空间组织形式，使中间开放层对上下空间具有更强的吸引力，将整个建筑空间整合到了一起。

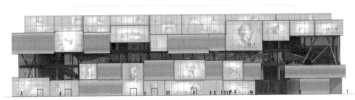

中层开放

空间前奏

项目名称：克罗地亚萨格勒布新画廊建筑设计竞赛（2014 年）
建筑设计：Multiplan Arhitekti
奖　　项：第一名
图片来源：http://www.archdaily.com/516234/multiplan-arhitekti-
　　　　　wins-competition-for-new-gallery-in-zagreb/

　　建筑位于当地一条繁华的街道上。建筑师将首层处理为玻璃盒子，既保持了室内外视线的连贯，又将建筑内部的活动予以展示，吸引外部人群进入内部。参观者必须沿着环绕建筑的台阶走到位于建筑二层的平台，才能到达画廊的主入口。

　　这个中层开放的入口平台与柏林体验中心的中层空间不同，它不是要吸引更多人群或提供丰富的视角，而是作为一个过渡空间。人们沿着台阶环绕建筑一周，逐渐远离城市街道的喧嚣，当到达入口平台的时候，可以俯瞰街道。这是一种既与世远离又近在咫尺的空间距离，作为画廊流线的起始端，是精彩之笔。同时，环绕建筑的台阶可以作为室外剧场，举办讲座和各种活动，增加城市的艺术气息。

　　在这个设计中，中间层作为地面层与上面几层的过渡层，承接了不同的空间氛围与心理感受，与画廊所需的空间变化紧密契合。

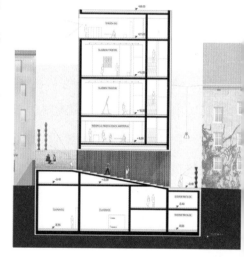

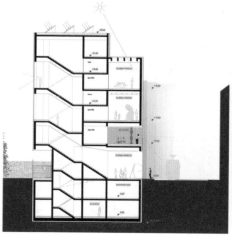

中层开放

主题空间

项目名称：芬兰赫尔辛基中央图书馆建筑设计竞赛（2012 年）

建筑设计：Plan 01 事务所

奖　　项：无

图片来源：http://www.archdaily.com/302743/helsinki-central-library-competition-entry-plan-01/

　　在这个方案中，建筑师不仅要创造一个物理空间，而且还试图创造一个感官体验空间。建筑师希望在这个图书馆空间里，各种文化思想能够相互碰撞、交流，人们能从虚拟世界中返回到真实的可以感知的世界。在建筑的中间层，建筑师创造了一个绵延的"洞穴"空间，这个空间是开放的。

　　方案的亮点不仅在于开放的中层空间，还在于空间材质的对比。"洞穴"空间采用温暖的木材，而其他部分空间采用冷色调的材料来象征石头。中部开放空间没有设主要出入口，而是通过几个尺度均等的出入口与其他空间相连。开放空间犹如广场，供人们穿行与休憩。图书馆不再只是一个借阅图书的地方，它成为人们休闲的场所，给城市注入了文化气息。

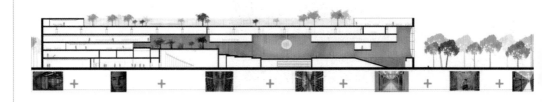

中层开放

被风侵蚀

项目名称：俄罗斯莫斯科理工大学博物馆与教育中心建筑设计竞赛（2013年）
建筑设计：Massimiliano Fuksas Architetto（意大利）、Speech（俄罗斯）
奖　　项：第一名
图片来源：http://www.pm-competition.com/projects_pmm_results_e.htm

　　建筑基址位于莫斯科麻雀山上，周围有苏联时代的纪念碑、莫斯科国立大学等建筑。该建筑分成五个部分：一个两层的透明底座，四个放置在底座上的不规则的几何体。几何体的象征意义是"被风侵蚀而成"，各三层，高25m。这四个几何体的表皮都采用了氧化铜板材质，与周围的历史建筑十分协调。

　　建筑底座的内部设有大厅、500座和800座的观众厅、三个冬季花园、咖啡吧和商店等。四个几何体内则设有会议室、科学技术中心、展览厅、艺术画廊、工作室、办公室等功能空间。

　　从剖面图上看，建筑内部设置了一个巨大的空中开放平台，而建筑的边界则凸凹不平。曲折的边界使建筑与环境的界限变得模糊，使二者相互融合，形成互补的空间形态。开放的平台和曲折多变的边界使建筑内部空间虚实交替、形态多样、高低起伏、富有变化。

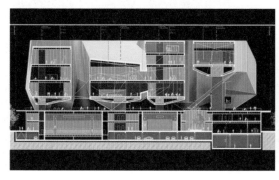
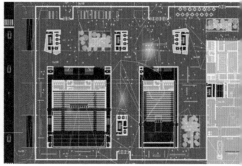

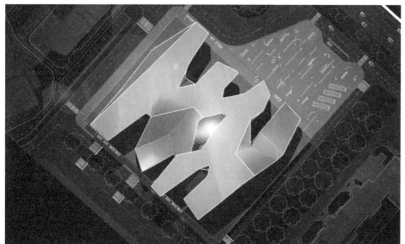

中层开放

空中音乐

项目名称：委内瑞拉西蒙·玻利瓦尔音乐综合体建筑设计竞赛（2011 年）
建筑设计：adjkm 建筑事务所
奖　　项：第一名
图片来源：http://www.dezeen.com/2011/01/15/caracas-symphony-complex-by-adjkm-arquitectos/

　　建筑师希望在这栋建筑里为音乐家们提供一个良好的音乐训练场所。建筑通过一个水平方向的"裂缝"与周围的城市环境产生联系。在这个裂缝状开放平台上，参观者与使用者可发生互动。建筑内部空间的音乐氛围则通过这个平台得以普及化、扩大化。

　　综合体建筑被水平"裂缝"分成上下两个部分，上部为音乐厅，下部为音乐学院。下部空间紧凑，较为私密，适合学习与排练。上部空间包括三个不同规模的音乐厅：第一音乐厅可容纳 400 人演奏、200 人合唱、1900 坐席；第二音乐厅可容纳 200

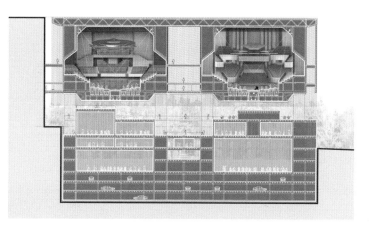

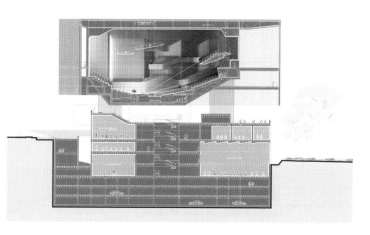

人演奏、400人合唱、1300坐席；第三音乐厅则灵活性较强，为不同类型的乐团而准备，最多容纳500个坐席。除音乐厅外，建筑内部还包含咖啡厅、餐馆空间、多媒体中心、管理办公室等多种功能空间。

建筑的水平向开放层成为不同功能分区的中心区域。建筑师大胆地增高了音乐厅的建筑高度，给建筑空间带来了多种开放的可能性。在保证功能和使用的前提下，提供这类促进人们交往的场所，可以提高建筑空间的利用率，增加空间活力。同时，使用者与建筑自身的身份感与存在感也得到加强。

顶部开放

对话天空

项目名称：韩国釜山歌剧院建筑设计竞赛（2012 年）
建筑设计：亨宁·拉森建筑事务所（Henning Larsen Architects）、
Tomoon 建筑事务所
奖　　项：第三名
图片来源：http:// www.archdaily.com

该方案的开放式屋顶平台给人以极强的视觉冲击力。

建筑基地紧邻海洋，视野宽广。建筑师设计了一个尺度巨大的圆形屋顶广场，覆盖着歌剧院的其他空间。巨型屋顶为其下方的空间遮蔽风雨、日照，为其上方的空间阻隔城市噪声。

屋顶的精彩之处在于，它既是观景平台，又是举办演出活动的场所。在屋顶上，人们可以观览美丽的城市景色，也可以坐在如海浪般荡开的台阶上观看演出。在不同季节和不同时间，屋顶具有不同的功能，人们可以在这里进行表演、聚会或娱乐休闲。建筑师对环境因素、尺度大小等进行了深入的思考，弧线形的屋顶剖面使得屋顶空间的向心性增强，使空间具有倾向性，符合观演的功能需求。当人们由广场中心走向边缘眺望城市时，可在向上行走的过程中获得视野不断开阔的独特空间体验。

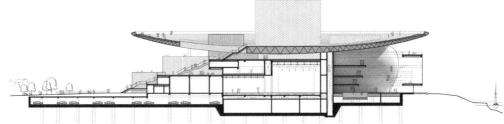

顶部开放

景观停车库

项目名称：丹麦哥本哈根 Park 'N' Play 停车库建筑设计竞赛（2014 年）
建筑设计：JAJA 建筑事务所
奖　　项：第一名
图片来源：http://www.archdaily.com

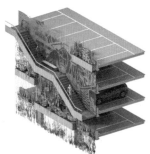

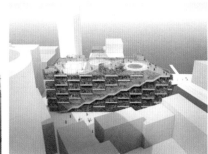

该方案的创新之处在于打破了传统停车库建筑功能的单一性。建筑师把车库顶层设计成户外活动场所，并通过外挂在车库外立面的楼梯对人们进行路线的引导。楼梯连接街道和建筑屋顶。为了加强联系，还用红色的扶手作为线性元素，把人流从车库底层引导至屋顶。在屋顶处，楼梯则变成室外活动设施的组成部分。这是一个可以供人们休闲娱乐的停车场。

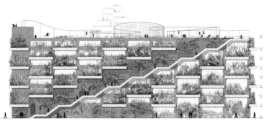

顶部开放

多向平台

项目名称：美国圣莫尼卡综合楼建筑设计竞赛（2013 年）
建筑设计：大都会建筑事务所（OMA）
奖　　项：无
图片来源：http://www.oma.eu/projects/2013/the-plaza-at-santa-monica

　　建筑基地位于圣莫尼卡广场附近。圣莫尼卡广场充满活力，周围有文化街、零售店、住宅、办公楼、旅馆等，OMA 的建筑师希望在新建筑中也创造出这种多样化、富有活力的公共空间，所以把建筑体量处理成台阶状，利用屋顶平台加强室内外的联系。跌落式露台提供了 56500 平方英尺的室外开放空间，可以容纳多种功能空间，如溜冰场、市场等。

　　建筑按功能做成 4 个体块，相互搭接、错位，形成的 4 个屋顶平台是每个功能体块的室外延展空间，它们解决了高层建筑缺少室外空间的问题，让人们能够更多地接触阳光、接近"地气"，开展室外活动。

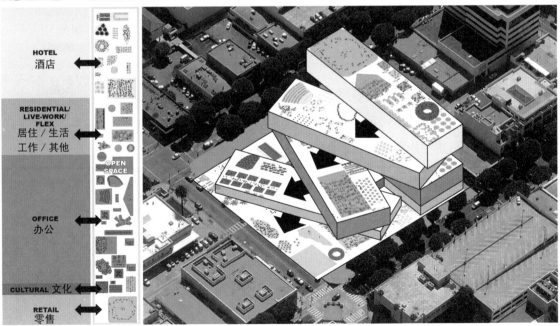

HOTEL
酒店

RESIDENTIAL/
LIVE-WORK/
FLEX
居住 / 生活
工作 / 其他

OPEN
SPACE

OFFICE
办公

CULTURAL 文化

RETAIL
零售

顶部开放

层叠花园

项目名称：法国巴黎 Le Cinq 办公楼建筑设计竞赛（2012 年）
建筑设计：努特林斯·雷代克（Neutelings Riedijk）建筑事务所
奖　　项：无
图片来源：http://www.archdaily.com

　　由于高层建筑普遍缺少室外活动空间，所以屋顶开放手法经常被建筑师运用在高层建筑设计中。在巴黎 Le Cinq 办公楼建筑设计竞赛中，努特林斯·雷代克建筑事务所对屋顶开放手法的应用是别有趣味的。

　　项目是 180m 高的办公塔楼，被设计成 5 个体块，每个体块各 6 层，被悬挂在两个竖向核心筒上。每两个体块之间有一个开放空间，每个体块都设有一个开放的内部庭院和一个巨大的屋顶花园。建筑师通过这种手法来寻求高层与多层建筑的中间态，把传统的放置在地面的街区沿竖向平行地设置在高层建筑中，并且在高度上保持街区的亲人尺度，获得了极高的建筑容积率。为了降低街区"天空"给人的压抑感，建筑师在每个体块的底部绘制了不同主题的图画，使得 5 个开放的街区空间更加丰富、多样。

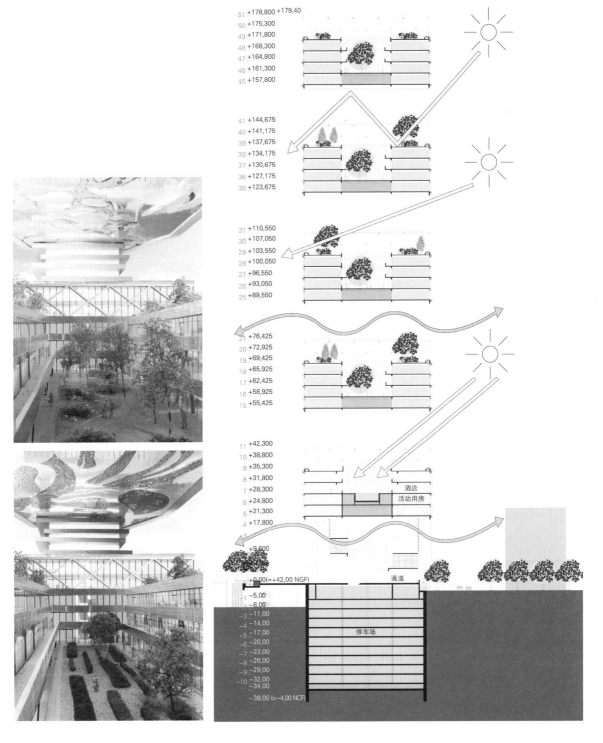

51	+178,800	+179,40
50	+175,300	
49	+171,800	
48	+168,300	
47	+164,800	
46	+161,300	
45	+157,800	

41	+144,675
40	+141,175
39	+137,675
38	+134,175
37	+130,675
36	+127,175
35	+123,675

31	+110,550
30	+107,050
29	+103,550
28	+100,050
27	+96,550
26	+93,050
25	+89,550

21	+76,425
20	+72,925
19	+69,425
18	+65,925
17	+62,425
16	+58,925
15	+55,425

11	+42,300
10	+38,800
9	+35,300
8	+31,800
7	+28,300
6	+24,800
5	+21,300
4	+17,800

酒店
活动用房

+9,600

+0,00(=+42,00 NGF)
−5,00
−8,00
−3 −11,00
−4 −14,00
−5 −17,00
−6 −20,00
−7 −23,00
−8 −26,00
−9 −29,00
−10 −32,00
−34,00
−38,00(=−4,00 NCF)

通道

停车场

顶部开放

垂直城市

项目名称：中国香港停车塔建筑设计竞赛（2012 年）
建筑设计：Chris Y. H. Chan、Stephanie M. L. Tan
奖　　项：荣誉提名
图片来源：http://www.archdaily.com

与巴黎 Le Cing 办公楼设计方案类似，该方案也采用了叠摞体块并设置开放式平台的手法。传统的停车场设计得比较清冷、昏暗，给人的安全感低，所以不受人们欢迎，这项竞赛希望赋予停车场以崭新的面貌。停车场的功能不局限于泊车，还包含了音乐厅、展览、时尚秀、宴会、电影院等功能。

建筑师希望这个停车场设计方案能给人们带来不同的生活体验，他们尝试着探索一种新的城市类型建筑而非单纯的停车塔。建筑由 5 个体量组成，有 5 个露天公共平台和用餐区。混合的功能提升了这个建筑存在的价值，尤其是在香港这个寸土寸金的地方。建筑不再只是一个城市设施，而是人们参与公共生活的场所。

每层的公共平台允许气流的通过、视线的可达，并且是上下封闭功能区的空间延伸，具有灵活性。功能空间垂直地分散在泊车空间之中。这种空间开放形式可以使城市空间在垂直方向上更加透气，它为城市高层建筑设计提供了新思路。

CURRENT HONG KONG
(noisy+heavy pollution)
现在的香港（喧闹 + 重污染）

NEW TYPOLOGY OF METRO IN NEW ERA
(expandable+sustainable field)
新区的新类型交通建筑（可扩建 + 可持续）

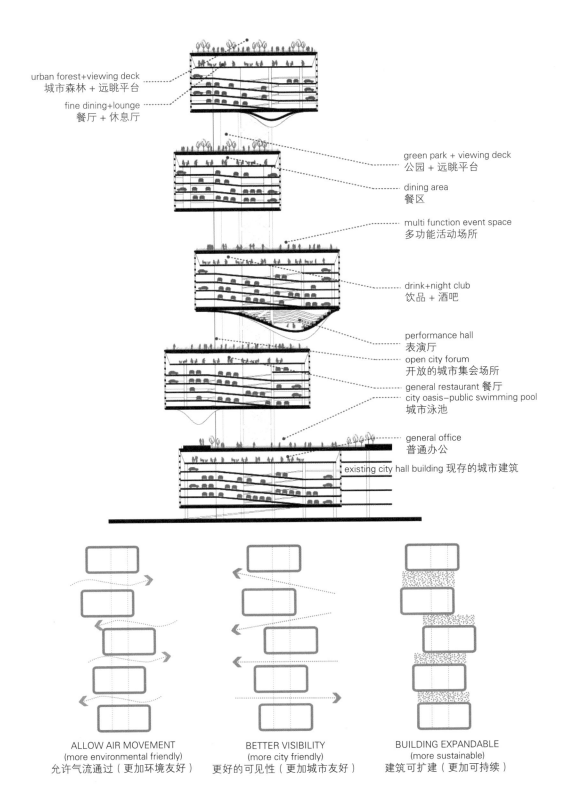

urban forest+viewing deck
城市森林 + 远眺平台

fine dining+lounge
餐厅 + 休息厅

green park + viewing deck
公园 + 远眺平台

dining area
餐区

multi function event space
多功能活动场所

drink+night club
饮品 + 酒吧

performance hall
表演厅

open city forum
开放的城市集会场所

general restaurant 餐厅

city oasis-public swimming pool
城市泳池

general office
普通办公

existing city hall building 现存的城市建筑

ALLOW AIR MOVEMENT
(more environmental friendly)
允许气流通过（更加环境友好）

BETTER VISIBILITY
(more city friendly)
更好的可见性（更加城市友好）

BUILDING EXPANDABLE
(more sustainable)
建筑可扩建（更加可持续）

外层开放

动态立面

项目名称：韩国釜山歌剧院建筑设计竞赛（2012 年）
建筑设计：IaN+ 事务所
奖　　项：第一名
图片来源：http://www.archdaily.com

在该方案中，建筑师不再对建筑进行水平分层，而是把建筑分成内外两层。紧凑的核心层容纳剧场功能；外层则是较为松散而开放的空间，容纳一些附属功能，如商业、展览、餐馆、工作室和活动场地等。外层空间灵活自由，是对"垂直广场"概念的一种诠释。内部核心层用反射材料包裹，更加消隐，与周围环境融合在一起。

外层的结构是独立的，由 4m×4m×4m 的三维网格构成，这种结构形式使外层空间具有良好的灵活性，其功能可以随实际需求而改变，并且在外立面上也可以根据需求设置不同规格的展板广告；透明的建筑表皮使得外层空间具有高度的开放性与渗透性。整个建筑呈现出空间上和立面上的多变与丰富。

这种外层开放手法把建筑内部的核心空间隐藏，整个建筑显得轻盈飘逸且与环境相融，也随时展示着建筑内部的活动，与城市形成了良好的互动。该方案不是通过强大的雕塑般的形体表现当代建筑与文化，而是通过随时随地的城市生活影像来展示城市文化，达到了空间开放的最终目的，即展示和容纳城市文化。同时，具有三维感的半透明立面在自然与城市中若隐若现，建筑的模糊性使其显得谦逊而高雅。

中心式开放

"树"空间

项目名称：中国珠海华发当代艺术馆建筑设计竞赛（2013 年）
建筑设计：Ábalos + Sentkiewicz 建筑事务所
奖　　项：第一名
图片来源：http://www.archdaily.com

　　在该方案中，建筑师在建筑平面的中心设计了一个被包围、受保护的虚空间，用来展示艺术品。虚空间里置入树状结构体，这些"树木"具有收集雨水、组织空气气流等作用，还可以在白天遮挡日光、收集太阳能，在夜晚收集露水。"树木"控制着馆内的气候，其外观形态具有标志性，是整个建筑最耀眼的地方，艺术馆因此而特征鲜明。

　　该中心空间与常见的中庭空间不同，其特别之处在于：首先，该中心空间是由几个大小不同的圆柱空间集聚而成，弧线形的边界使空间具有更强的向心性，将四周空间更好地"黏合"在一起；其次，该空间不是空的，而是介于虚实之间。树状结构的存在改变了空间的气氛，给中心空间带来了空间形态、功能、小气候、光影等的变化。这些变化将带给人们丰富的空间体验。

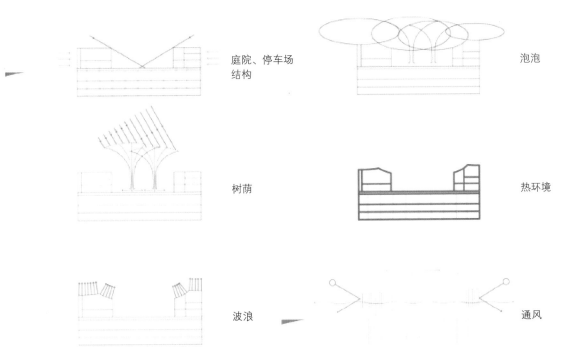

庭院、停车场
结构

泡泡

树荫

热环境

波浪

通风

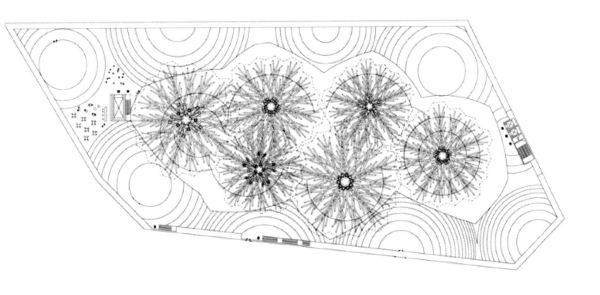

中心式开放

"云"空间

项目名称：德国柏林新媒体园区建筑设计竞赛（2013 年）
建筑设计：Büro Ole Scheeren 事务所
奖　　项：第三名
图片来源：http://www.buro-os.com/axel-springer-cloud

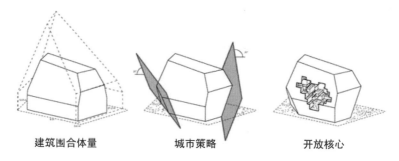

建筑围合体量　　　　城市策略　　　　开放核心

　　建筑师以"融合的云"这一概念来作为该设计方案的空间意向。建筑师认为，在当今时代，网络化办公可以发生在任何地点，所以建筑应在聚集人力方面发挥更大的作用。对于一个新媒体公司而言，需要一个富有特性的空间来彰显自己的存在。建筑师把一个巨大的像素化的空洞"嵌入"建筑的核心，创造了一个穿透整个建筑的开放式空间。在这个像云一般"漂浮"在建筑中部的虚空间里，充满了想象、合作与互动。较为标准的办公空间被组织在"云"空间的边缘。"云"空间使建筑呈现开放、融合与分享的姿态，体现着新媒体公司的理念和价值观。

　　在"云"空间的边缘，可以设置多样的办公环境，越靠近中心的空间越灵活通透，远离的则规整有序，空间的相互关系与组织模式产生了渐变，产生了虚实上的"退晕"。此外，建筑师设计了环形双向路径环绕在"云"空间外侧，以加强各功能空间的联系。建筑师还充分考虑了城市的历史文化因素，建筑的高度接近周围街区建筑，在建筑底层设计了城市通道等。

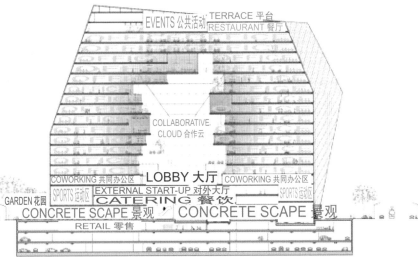

EVENTS 公共活动　TERRACE 平台
RESTAURANT 餐厅

COLLABORATIVE
CLOUD 合作云

LOBBY 大厅

COWORKING 共同办公区　　COWORKING 共同办公区

GARDEN 花园　SPORTS 运动区　EXTERNAL START-UP 对外大厅　SPORTS 运动区
CATERING 餐饮

CONCRETE SCAPE 景观　CONCRETE SCAPE 景观

RETAIL 零售

中心式开放

多向景窗

项目名称：韩国釜山歌剧院建筑设计竞赛（2012 年）
建筑设计：designcamp moonpark dmp
奖　　项：第二名
图片来源：http://www.archdaily.com

相对于 Ábalos 和 Sentkiewicz arquitectos 事务所设计的珠海华发当代艺术馆而言，该方案采用了更加外向的中心式开放。

建筑师着眼于创造公共空间，引导人们享受水边的活动。在分析周边环境与建筑视野后，建筑师将建筑平面分散开，建筑延展出多个"触角"，每个"触角"都像一个巨大的取景框，和基地周边进行着对话。由此形成的 5 个凹形广场都呈现环抱的姿态；建筑的中心就像一个漩涡，虚空却充满引力，具有很强的空间透视效果。当人们沿着坡道慢慢进入建筑的中心主入口，随着位置的上升，视野不断变化，到达入口时，远处的山与海瞬间映入眼帘。每一个空间都具有不同的风景带，给人以强烈而丰富的体验。建筑的形态与环境有机地结合在一起。

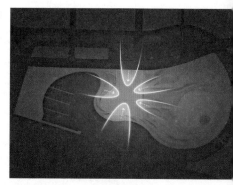

聚合、拥抱

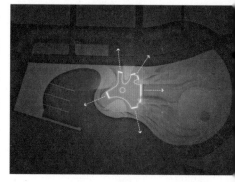

延展

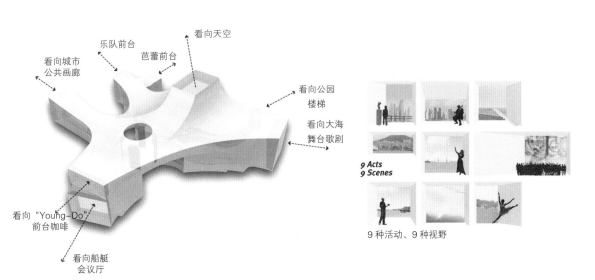

看向城市
公共画廊

乐队前台

芭蕾前台

看向天空

看向公园
楼梯

看向大海
舞台歌剧

看向 "Young-Do"
前台咖啡

看向船艇
会议厅

9 Acts
9 Scenes

9 种活动、9 种视野

虽然中心空间围合感较弱，但与建筑周围有良好的空间联系，这更加契合歌剧院的建筑性格与功能要求。

中心式开放

建筑内的立体广场

项目名称：中国台北表演艺术中心建筑设计竞赛（2008 年）
建筑设计：NL 建筑事务所
奖　　项：无
图片来源：http://www.nlarchitects.nl/project/9/slideshow

NL 建筑事务所在台北表演艺术中心建筑设计竞赛方案中也利用开放性给人以巨大的视觉冲击力。

该表演艺术中心要服务于多种形式规模的表演，包括歌剧、戏剧等。建筑主体包含一个 1500 座的大剧院、两个 800 座的剧院。建筑师的愿景是设计一个真正开放的公共建筑，并将高雅艺术与大众艺术相融合。建筑要获得最大的可达性，可通过两种策略实现：一是在建筑下方设置巨大的公共广场；二是在建筑外立面悬挂观光梯。在该方案中，广场从属于建筑，城市空间与建筑发生了一种相互包含的空间关系——广场在建筑里，建筑在城市里。

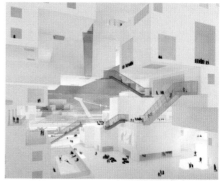

建筑的尺寸是 110m×80m×64m，建筑师把它视为一个桌子：四条"腿"支撑着一个"桌面"，"桌面"包含 3 个楼层。在建筑空洞内，城市生活片段不断出现——这里有空中阅读区、办公区、媒体区、音乐区、

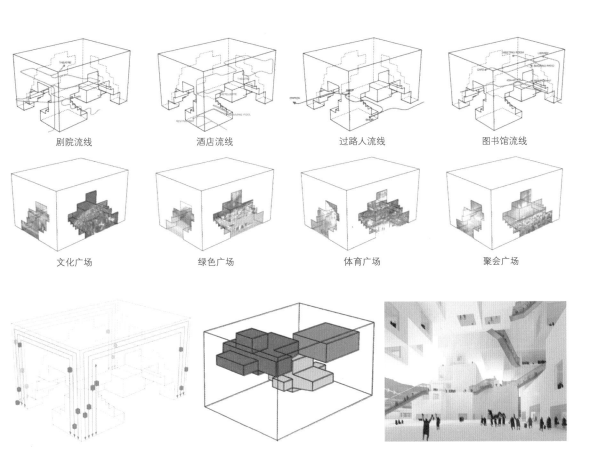

剧院流线　　　酒店流线　　　过路人流线　　　图书馆流线

文化广场　　　绿色广场　　　体育广场　　　聚会广场

画廊、大厅、酒吧、餐馆等，几乎集聚了都市中一切功能空间。阳台、露台和不同形式的活动空间高低错落，有开放的，也有私密亲切的；活动空间种类多样，有游泳池、滑冰场、旅馆花园、室外咖啡厅等，其中一部分区域是免费的，一部分需要付费。城市生活被立体地呈现在建筑内部肌理上，各类人群都能在这里找到自己需要的场所。表演艺术中心不再是少数人享受高雅艺术的地点，这里接纳了更多的人群与事件，展现着城市的魅力。

　　建筑内部的功能空间被安排在不同位置，既独立，又可以延伸到公共广场，与广场交融。广场与建筑外部的城市空间之间无边界门槛，而且可供人们遮风避雨。重要的是，它不只是一个"空洞"，它创造了无数个生活空间。人流和人们在此引发的事件使这里具有了声音和影像，具有了活力，这种活力又从广场扩散蔓延至城市。

中心式开放

漂浮的功能块

项目名称：芬兰赫尔辛基中央图书馆建筑设计竞赛（2012 年）
建筑设计：PRAUD 事务所
奖　　项：无
图片来源：http://www.archdaily.com

PRAUD 事务所的赫尔辛基中央图书馆建筑设计方案也采用了中心式开放。方案名为"都市之心"（The Heart of the Metropolis），建筑师希望他们设计的图书馆成为赫尔辛基市的起居室。建筑南北向长，其中央置入了中庭，其他功能环绕在中庭四周。建筑结构对空间做了很大的贡献。两个巨型桁架东西向平行放置，中间用结构构件相连接来达到力学平衡。一些封闭的空间，例如电影院、儿童世界、桑拿室、数字媒体室等，都像飘浮在空中的盒子一样镶嵌在巨型桁架结构中，而其余的空间则有大有小，灵活多变，并与中庭相互渗透，充满趣味和不确定性。中庭空间随楼板坡度形成台阶，可用作多种用途。"飘浮"在空中的功能空间也给建筑立面带来了变化。整个空间创意大胆且特色鲜明。

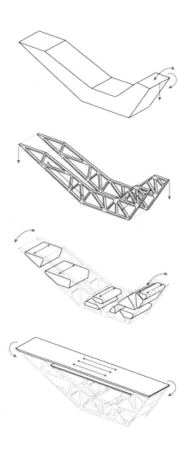

MASSING CONCEPT总体概念

A. Single Bar

B. Lifting Sides

C. Connecting Through Tension

D. Self-Supporting Mass

1. 单独的条形   2. 抬升两边   3. 通过拉力连接   4. 自平衡体

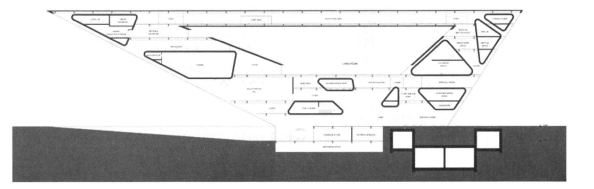

中心式开放

"抽取" 中心

项目名称：荷兰代尔夫特理工大学学生宿舍建筑设计竞赛（2012 年）
建筑设计：Studioninedots 和 HVDN 建筑事务所
奖　　项：第一名
图片来源：http://www.studioninedots.nl/projects/173_suite9?h=3

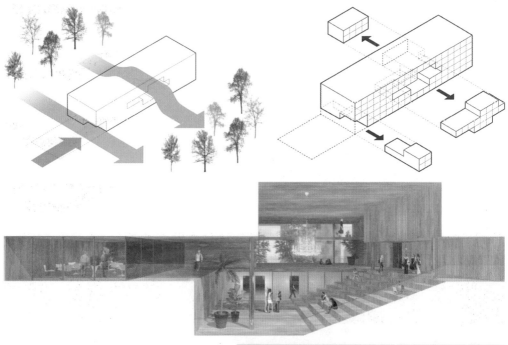

建筑师在宿舍中部设置了一个集会空间，来增加学生间的互动以及建筑与环境的互动，这个透明的室外空间可以与室外庭院相互借景、渗透。建筑师在单元化的宿舍中，抽取一些单元形成开放的中心，成为宿舍的活力点。

整体式开放

"云"板

项目名称：丹麦哥本哈根世界和平馆建筑设计竞赛（2014 年）
建筑设计：斯文堡建筑事务所（Svendborg Architects）、石上纯也
建筑事务所（Junya Ishigami + Associates）
奖　　项：第一名
图片来源：http://www.archdaily.com

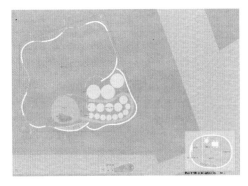

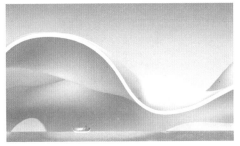

　　石上纯也和斯文堡两家建筑事务所合作的方案，在哥本哈根世界和平馆建筑设计竞赛中获得第一名。该方案是一种极致纯粹的整体式开放空间。

　　建筑的意向是以云为屋顶、海为地板。像云朵一般的屋板漂浮在海面上，营造出安详而宁静的氛围。在这里，起伏的结构板既是屋顶，又是墙体，将建筑的各部分融合为一，所以纯粹。游客可以乘坐圆形的船在建筑里面游荡，空间简单到只有水和白色的柔和的"云板"，没有明确的内外界限，模糊的边缘将远处的风景一揽入内，还有海浪拍打建筑的声音，令人沉静。由于极致开放，所以极简；由于极简，所以极致开放。极致融于自然，极致宁静。

整体式开放

"树"形

项目名称：法国蒙彼利埃的 21 世纪建筑设计竞赛（2014 年）
建筑设计：藤本壮介建筑设计事务所（Sou Fujimoto Architects）、
　　　　　尼古拉·莱内建筑事务所（Nicolas Laisné Associés）、
　　　　　Manal Rachdi Oxo architects
奖　　项：第一名
图片来源：http://www.oxoarch.com/front/project/tour-mixte-
　　　　　a-montpellier

　　藤本壮介带领的设计团队在竞赛中夺得第一，其方案名称是"白树"（White Tree）。这是一栋高层集合住宅，共 17 层，整个建筑像一棵巨大的松树。

　　建筑创意的来源是建筑师观察到当地居民有爱好户外活动的生活传统。这栋建筑包含了居住、餐饮、艺术画廊、办公、酒吧和公共活动等功能。建筑坐落在几个重要通道的交叉口，面向 Lez 河，临近高速公路和沿河的人行与自行车道。建筑师从基地环境入手确定了建筑界面的基本形态，然后从每户住宅向外延伸出宽大的阳台，整个建筑因此变得通透，并与周围环境形成良好的渗透关系。室内外的界限是模糊的，挑出的阳台就像一座座室外花园，吸引着人们到室外享受阳光。

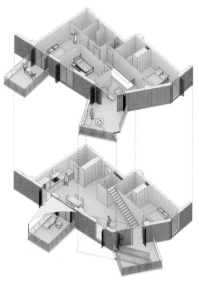

　　在这栋住宅建筑中，建筑师通过在每户住宅设计开放空间来实现建筑整体的对外开放，阳台吸引住户走到室外，而平台间的联系则增强了室外生活的公共性，因此建筑的立面就是城市的缩影。

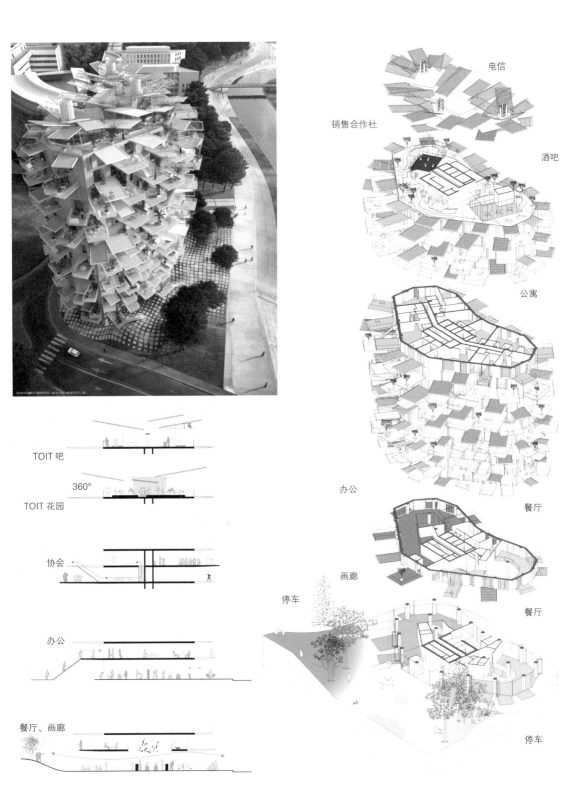

TOIT 吧

360°

TOIT 花园

协会

办公

餐厅、画廊

电信

销售合作社

酒吧

公寓

办公

餐厅

画廊

停车

餐厅

停车

整体式开放

蔓延的"雨水"收集器

项目名称：白俄罗斯明斯克新足球场招标建筑设计竞赛（2013 年）
建筑设计：Stadiumconcept 和 IAA 建筑事务所
奖　项：无
图片来源：http://www.stadiumconcept.de/site/stadium_minsk_
　　　　　english.php

　　建筑师将足球场的圆形屋顶向周围扩展，以锥形柱的形式布满在球场四周。柱下空间可用作商业用途服务于城市。屋顶上种植有绿色植物，一方面有助于收集雨水，另一方面也有助于建筑融入环境。

　　该方案一改常见的足球场集中模式，通过呈蔓延态势的屋顶，将集中变得松散，形成的是一个场所，而非一栋建筑。这种开放性场所将在城市环境与体育场之间形成一个灰色空间，容纳各种有可能的活动，并传递一种运动的场所气息。这种整体式开放总能以一个比较大的尺度与城市相融。

整体式开放

宽窄"缝隙"

项目名称：中国台中城市文化中心建筑设计竞赛（2013 年）
建筑设计：Maxthreads 事务所
奖　　项：荣誉奖
图片来源：http://www.archdaily.com

建筑由几个倒锥形体量形成，体量间相互穿插并形成了缝隙空间。这种缝隙空间渗透到整个建筑场所里，沟通了场所内外，并形成了多样的路径，连通建筑的四周。缝隙空间还可以与几个倒锥形体量发生融合，当体量下层架空时，就和缝隙空间连通，变成放大的开放的空间节点，这样的开放空间并不是匀质的，所以当人们行进在其中时，有行走有逗留，像水流一样，有急有缓。这些体量的尺度和间距不同，在平面布局上形成疏密关系；在垂直方向上，由于各个体量的高度不同，且都是倒锥形，就形成了垂直维度上的空间变化，所以这种缝隙空间是多维的、不确定的。建筑空间因此具有了不同的灰度，更加具有自然气息，是非匀质的整体开放。

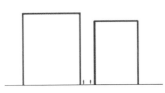

传统的塔形体量布局

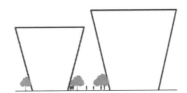

倒置圆锥体：引入公共空间

分散的倒置圆锥体：最大化公共空间

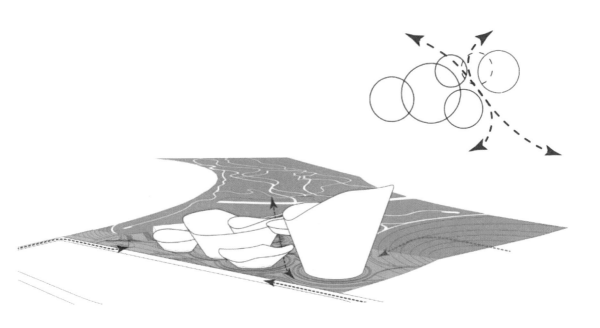

整体式开放

"街区"重现

项目名称：法国萨克雷中央理工学院建筑设计竞赛（2012 年）
建筑设计：大都会建筑事务所（OMA）
奖　项：第一名
图片来源：http://www.oma.eu

　　这是一次对于城市概念的大胆实验，建筑师试图把街区整合在一起，因此将方案命名为"实验室的城市"（Lab City）。传统的实验室建筑是走廊加房间，而 OMA 则设计了一个低层、由玻璃屋顶覆盖的巨型"街区"。"街区"由开放的网格构架来界定，人们可以在其中自由活动，相互观看。这种空间格局将影响学生的行为，它为学生提供了更多可用的积极空间，很多学习交流活动就可以发生在这些开敞的环境中。当然，建筑中也保留了一些传统的相对稳定安静的研究空间。过路的人们可以参与到学生的讨论和活动中，校园文化由此向城市渗透。该设计把学校与城市相结合，改变了学校空间氛围的同质性，重新定义了科学之美。

　　网格中，引入了一条斜向的内街，来连通地铁和已有的理工学院。此外，在中心区，建筑师将一个公共活动区抬升到空间网格之上，形成一个学校活动的中心点。这个抬升区内设有体育馆、行政管理中心和新生教室。被抬升的空间作为网格空间的补充空间，提供更大、更自由的场所。被抬升的空间通过楼梯与下部空间相联系。

　　从剖面图中可以看出，在网格基础上形成的空间可以创造多层次的空间，空间既变化丰富又具有统一格局，既规整又自由，抬升的体量为整个空间带来高潮，成为最热闹的区域，也影响着周围区域。这样，整个区域就包含了不同的空间状态，开放与私密、吵闹与安静并存。在匀质空间中引入不匀质的元素，将给空间带来变化。

整体式开放

"丛林"空间

项目名称：德国莱比锡 Sächsische Aufbau Bank 的新总部建
　　　　　筑设计竞赛（2013 年）
建筑设计：ACME 事务所
奖　项：第一名
图片来源：http://www.acme.ac/cn/node/725?p=image

　　该方案最值得关注的，就是建筑的整体统一性和开放的空间
设计。

　　新总部既要容纳 600 名员工，还要含有会议中心、食堂和停车
场。建筑实体被隐藏在柱群里，柱群成为室内外的一个过渡层，像
繁茂的树林。柱顶承托着屋顶，屋顶将整个场地覆盖。屋顶上以圆
形为母题进行处理，有虚有实，形态有机，并与下部的空间相契合。
开敞空间以虚为主，封闭空间以实为主。

　　在这个"树林"里，建筑师去掉部分柱子，置入公共路径、活
动场所、绿色景观和艺术小品。人们行走其中，恍如置身丛林。这
种处理手法唤起了人们对 18 世纪莱比锡公园的回忆——在温暖的夏
季溜达在公园蜿蜒的林荫道上。

　　这些柱子和屋顶还可以抵挡附近高速公路的噪声，提供"树荫
空间"和被动降温。办公区既可保持独立、安静与私密，又具有对
公众开放的透明性。内部的办公实体可以利用出挑阳台和柱林再次
产生渗透，空间的层次感就更加丰富，每个层次又彼此交融模糊，
空间之间纠缠曲折，给人的体验却是亲切、柔和的。

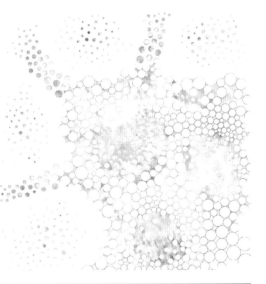

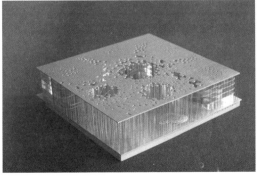

整体式开放

掀动的屋顶

项目名称：中国天津国家海洋博物馆建筑设计竞赛（2013 年）
建筑设计：霍尔姆建筑设计事务所（Holm Architecture Offce, HAO）和 AI 建筑
奖　　项：无
图片来源：http://www.holmarchitectureoffice.com/

　　建筑师把博物馆的各个功能都组织到一个巨大的从地上"掀起"的屋顶下面。建筑师充分利用基址临湖这一特点，将屋顶做大、悬挑，把湖水引入建筑，创造了一个半室外的船只展览区，使展示背景与展示内容具有真实感和震撼力。建筑师利用开放空间将自然景色引入建筑，并使之与建筑功能巧妙地结合。人们不仅可以欣赏到自然美景，还可以看到真实的航海胜景。从日出到日落，航海展示区的背景随着时间推移和天气变化而不断变化，人们获得的可谓是"4D"体验。出挑的屋顶将建筑各个部分整合并统一成整体，形成巨大的城市地景，空间和功能都在开放的半室外区域里得到融合。

整体式开放

延展的屋顶

项目名称：德国新包豪斯博物馆建筑设计竞赛（2012 年）
建筑设计：Meno Meno Piu 建筑事务所
奖　　项：第一名
图片来源：http://www.mmpaa.eu/slides/slider.
　　　　　php?Lang=EN&idWork=1

　　该方案的最大特色是开放和自由。建筑基址位于新城、旧城与公园的分界线上，为了保证三者空间、视线上的连续性，建筑师把建筑处理成开放的体块形式。为了保证室外活动空间，建筑师还结合太阳能板设计了大的屋顶覆盖，建筑的灵活性增强了，可以容纳各种室内外活动。而这种灵活的空间也可以与建筑其他功能空间发生良好互动，形成彼此的拓展空间。开放的空间将公园与新城、旧城柔和地连接在一起，且内外交融渗透，使建筑与基地进行了充分的对话。交通流线的设计创造了内在区域的整体统一性。

　　在建筑设计竞赛中，大面积的屋顶一般还有其他用途，比如收集雨水、利用太阳能等。该方案中的屋顶，50% 的面积安装了太阳能板，可以满足建筑 60% 的能耗需求。建筑方案采用的滑动式遮阳构件则可以控制建筑的光照。这些节能技术的应用，使建筑获得了良好的物理环境。

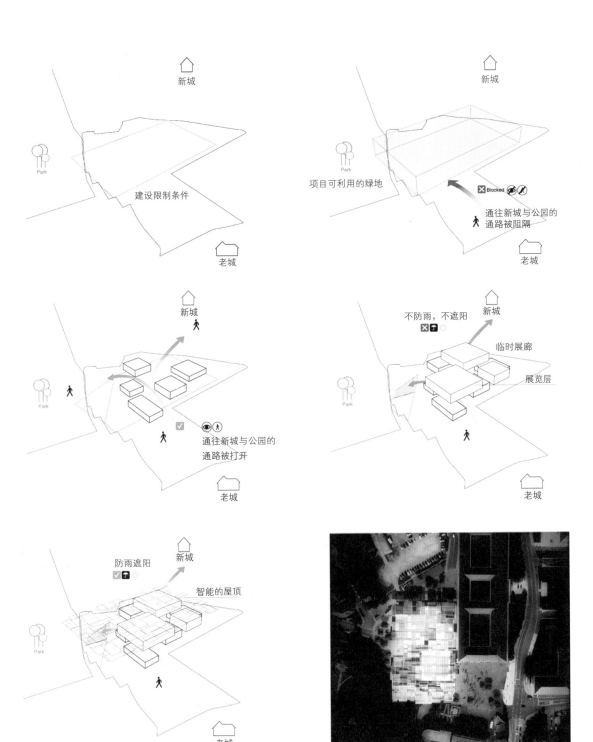

新城

Park

建设限制条件

老城

新城

项目可利用的绿地

Park

✗ Blocked 🚫 🚫

通往新城与公园的
通路被阻隔

老城

不防雨，不遮阳

新城

✗ ⬆ ☀

临时展廊

Park

展览层

通往新城与公园的
通路被打开

老城

老城

防雨遮阳

新城

✓ ⬆

智能的屋顶

Park

老城

整体式开放

屋顶整合多样功能

项目名称：中国新台南美术博物馆建筑设计竞赛（2014 年）
建筑设计：坂茂
奖　　项：第一名
图片来源：http://www.archdaily.com/548292/shigeru-ban-to-construct-tainan-museum-of-fine-arts/

该方案中，建筑师用一个五边形的屋顶将礼堂、教室、展厅、商店、餐馆等功能空间覆盖，并置入露台和景观以柔化建筑的边界。雕塑公园和公众娱乐区是室内展厅向室外延伸的过渡空间，它们使博物馆更好地融入周围环境，并为城市增添了活力。这种处理方式有以下优点：

· 屋顶下的建筑体量尺寸灵活，教室可具有不同规模，以满足多样需求。

· 建筑具有高度的开放性，屋顶下的内外空间彼此渗透，可相互借用，空间层次多样，空间的邀请性很强，更易成为人们交流互动的场所。

· 屋顶下覆盖的体块可根据流线需求组合，也能容纳大小空间组合。建筑师在屋顶下设计了类似"中庭"的通高空间来活跃这开放的空间氛围，使空间既开放又形态多样。

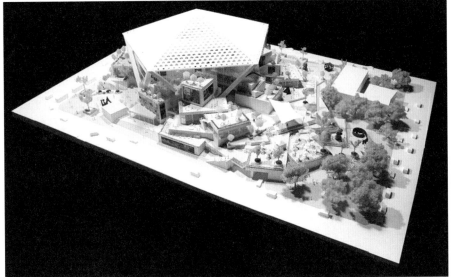

整体式开放

"切片"式解构

项目名称: 墨西哥帕帕洛特儿童博物馆建筑设计竞赛（2015 年）

建筑设计: MX_SI 和 SPRB

奖　项: 第一名

图片来源: http://www.gooood.hk/mx_si-and-sprb-win-competition-for-
papalote-childrens-museum-in-iztapalapa-mexico.htm

　　该方案在 171 份设计提案中获胜，方案的口号是"让我们打造城市"（Let's make city），整个设计表现了对城市最大程度的开放。

　　从总平面上可以看到，建筑由长方形的单元构成，每个单元的结构都是混凝土墙面和 V 形屋顶。所有的构件都以"解构"的姿态呈现，向周围的城市开敞。主入口处的建筑单元向内部退让，形成广场，作为城市与博物馆的过渡空间，使建筑的开放性显得更加谦逊、柔和。

　　建筑的首层主要布置咖啡厅、礼品商店等公共功能，各功能空间的地面标高一致；上层则是些开敞的露台与花园，保证视线上的通透。

局部开放

"山谷"式中庭

项目名称：德国柏林新媒体园区建筑设计竞赛（2013 年）
建筑设计：大都会建筑事务所（OMA）
奖　　项：第一名
图片来源：http://www.oma.eu/news/2013/oma-shortlisted-
for-axel-springer/

　　在 2013 年举行的柏林新媒体园区建筑设计竞赛中夺得第一名的 OMA 的设计方案，采用了建筑一角开放的局部开放形式。主创建筑师雷姆·库哈斯设计了一个巨大的 30m 高的"开放的山谷"空间，里面包含互动平台和公共工作场所。建筑师希望通过该建筑来改善电脑办公带给人们的隔离状况。人们不再封闭地在工作室通过网络来沟通工作，而是集体办公，可以看到彼此的工作状态，在共同工作中释放创造力。

　　新办公大楼在朝向已有的旧办公大楼的一面做了开放式处理，与旧楼呼应。建筑的每层都包含两种模式的空间：一种是被覆盖的较为传统的办公空间；一种是位于错落的平台上不被覆盖的更为开放、灵活的办公空间。这些开放的平台在"山谷"中展示着人们的工作状态。"山谷"式的开放空间比起四四方方的庭院，在三维上是有变化的，空间有张有弛，与出挑的平台相配合，就产生了更多层次的开放空间，空间的丰富性因此而大大增强。

山谷
Valley

镜像
Mirror

景窗
Window

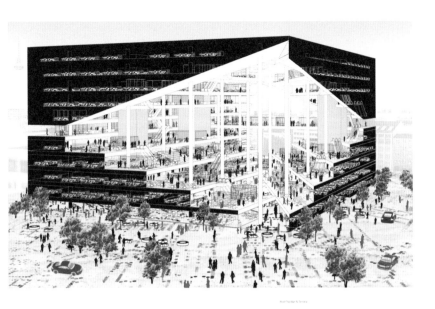

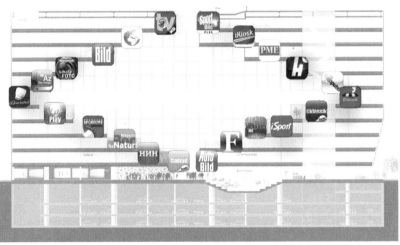

Formal / Informal
正式的 / 非正式的

正式的办公室
Formal Office
75%

非正式的办公室
Informal Office
25%

局部开放

海浪"冲蚀"

项目名称：中国珠海文化中心国际建筑设计竞赛（2013 年）
建筑设计：拾稼设计（10 DESIGN）
奖　　项：第二名
图片来源：https://www.behance.net/gallery/15408029/ Zhuhai-
　　　　　Culture-Center-Competition-Design-Concept

该方案的开放空间含蓄、柔和。

建筑基地面朝海洋，建筑师提取海浪拍打石块的意向，设计了一个凹入建筑的开放空间，并在这个凹陷式空间中设计了一个空中平台，使建筑达到一种介于完全开放与封闭的中间状态，虚实交错，相互渗透，增加了空间的虚实层次，产生丰富感。在面朝大海的这一面，建筑的造型就像水流一样柔和、自然，建筑形体的走势以及内部的坡道等都依据人群的流线而设计，与人流轨迹相契合的内外空间更增强了空间的亲和力。在其他方向上，建筑保留着合理、严谨的网格结构。

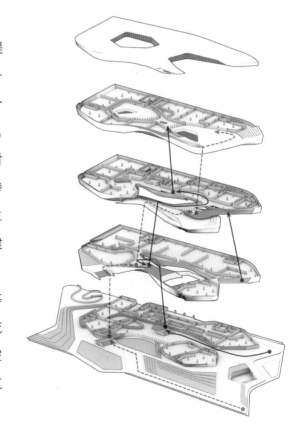

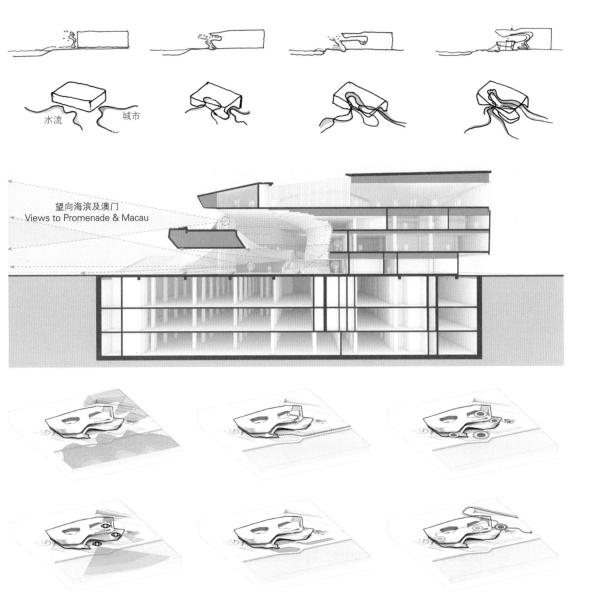

水流　城市

望向海滨及澳门
Views to Promenade & Macau

局部开放

"跌落"空间

项目名称：芬兰赫尔辛基中央图书馆建筑设计竞赛（2012 年）
建筑设计：亨宁·拉森建筑事务所（Henning Larsen Architects）
奖　　项：荣誉提名
图片来源：http://competition.keskustakirjasto.fi/competition-result/

　　该方案采用了对角开放的手法。方案的名称是"赫尔辛基的心跳"（The Heartbeat of Helsinki）。建筑师认为，不是雄伟的建筑创造了城市，而是街道、广场、公园和所有模糊的空间——这些人们相遇的空间使城市有了生命。所以，设计明日之城市就是要设计让人们相遇的场所。而该方案正是提供了一种开放、包容的空间状态，可以促进人与城市的联系。

　　方案充分考虑了基地在城市与公园之间的关系，为了让城市与公园紧紧相连，建筑师对建筑体量做了对角切分处理。在空间上，向北，以实为主，空间安静，人们可以在此俯瞰海湾；向南，建筑体块变化为出挑的平台，层层跌落、延伸，向城市开放。基地周围最重要的建筑是会议楼，所以建筑师将新建筑有意向会议楼扭转，人们在图书馆建筑室内可以看见会议楼，增加了场所身份感。

　　在跌落式平台中，建筑师置入坡道连接各个楼层。沿着坡道而上，人们可以到达不同氛围的空间：从广场到咖啡吧，再到书吧然后到达花园。在行走中，人们可以感受到不同的生活状态，似乎所有的生活情景都被浓缩在这里。空间从一端的开放慢慢变得私密，由视野丰富到视线集中，由热闹到安静，人在这里既是表演者也是观看者。处于开放与封闭之间的模糊的渗透区域是这个空间最有魅力之处。人们在此读书时，可以听到楼板下面传来的细碎的城市的声响，感知城市的存在，这可能就是建筑师想要达到的效果。

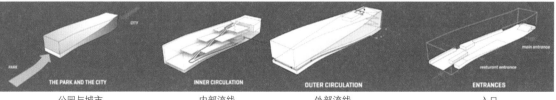

| 公园与城市 | 内部流线 | 外部流线 | 入口 |

局部开放

半开放走廊

项目名称：伊朗德黑兰股票交易所建筑设计竞赛（2012 年）

建筑设计：阿特利耶·斯拉吉建筑师事务所（Atelier Seraji Architectes & Associé s, Mehdi）

奖　　项：第三名

图片来源：http://www.seraji.net/proj/project.cfm?projectid=72

　　建筑师们希望他们设计的交易所是开放的，能够体现现代交易所的特点和文化，所以在建筑的局部设置了跌落式开放空间，将金融文化外扬，为人们提供了一个轻松的有点娱乐化的交易场所以及丰富的办公环境。

　　该方案的特别之处在于将交通空间和功能空间交错布置。传统建筑的走廊多位于建筑内部，封闭、呆板，在该方案中，建筑师把环形交通线路向建筑的一侧错动，对主题空间进行了切分处理，使之一部分位于走廊外侧，空间开放、自由；另一部分位于走廊内侧，较为安静、私密。位于内侧的办公区紧靠一个核心大空间，这个核心空间在不同楼层有不同功能，可作为开放式办公区、会议室或庭院等，它与其他空间的关系是灵活多变的。同时，走廊外置还有利于遮蔽西侧阳光，并在立面上形成各方向不同的表皮效果。

　　面向城市公共空间的办公区域局部开放，且开放空间相互连通，不仅加强了建筑室内外空间的联系与相互渗透，也加强了建筑内部空间的相互联系，使在室内工作的人们可以看到彼此的工作状态，有利于"工作社区"的形成。

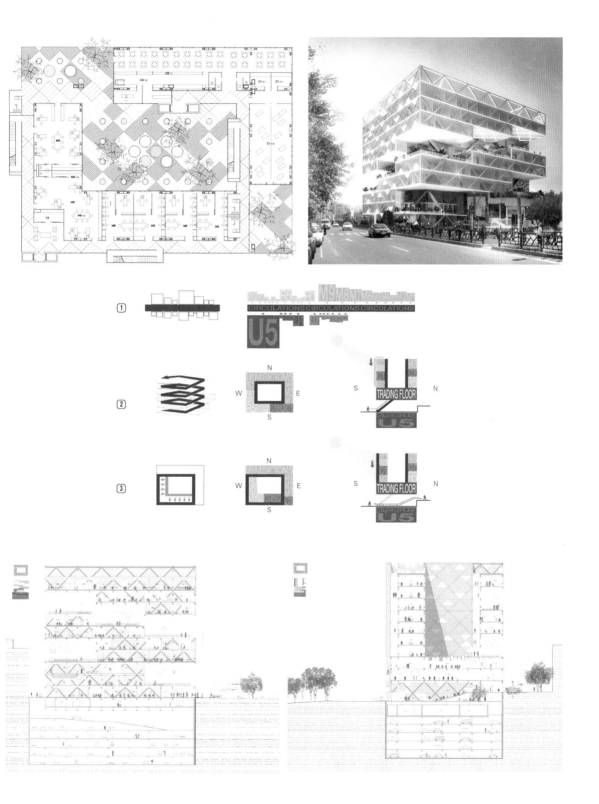

综合式开放

多界面开放

项目名称：荷兰阿纳姆文化中心建筑设计竞赛（2014年）
建筑设计：NL建筑事务所
奖　　项：第一名
图片来源：http://www.nlarchitects.nl/projects/

　　建筑基地一侧是莱茵河，另一侧是热闹的都市，建筑师希望阿纳姆文化中心是城市的一个生活场所，具有多种功能，所以把建筑设计成一个功能"三明治"，设有公园、博物馆、广场和电影院。这四种功能空间自上而下地垂直放置，经拓扑形成阶梯状。建筑的顶层是梯田状公园，吸引城市居民上去游玩、俯瞰莱茵河。沿河的建筑立面完全开敞，整个空间设计成城市广场。在广场上，人们可以尽享莱茵河的景色，可以通过下沉广场到电影院看电影，或者拾阶而上看展览，或享受咖啡、甜点……广场是各种活动发生的地方。功能的多样性使该建筑具有很强的社会性。

　　梯状建筑形态设计和大胆的功能布置形成了室内外两个开放广场。梯田一般的博物馆具有自上而下和自下而上两种参观路径。跌落式布局形式使空间具有更大的灵活性，可供开展不同性质、规模的展览活动。建筑分不出明确的顶层与首层，是一种综合的开放。

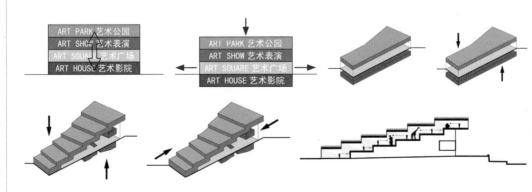

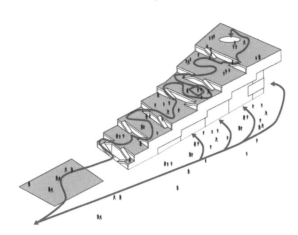

综合式开放

柔化立面

项目名称：芬兰赫尔辛基中央图书馆建筑设计竞赛（2012 年）

建筑设计：ALA 建筑事务所

奖　　项：第一名

图片来源：http://competition.keskustakirjasto.fi/competition-result/

　　ALA 建筑事务所的赫尔辛基中央图书馆设计方案采用了综合式开放手法。建筑上层与下层都开放的模式为图书馆营造了良好的氛围。建筑分为 3 层，其最精彩之处在于这 3 层之间的相互影响与作用。木质曲面对建筑空间进行了划分与柔化，使 3 层空间呈现不同程度的开放。

　　曲面从建筑外部倾斜地伸入内部，模糊了内外界限。一层空间向室外广场开放，是一个繁忙、被快速访问的空间，具有良好的可达性，吸引人流进入。二层是传统的阅读空间。三层采用玻璃幕墙，视野开阔，可以眺望远处景色。起伏的屋顶带给室内空间微妙的变化。室内空间是完全开敞的，种植有树木，是开放、自由的阅读区。

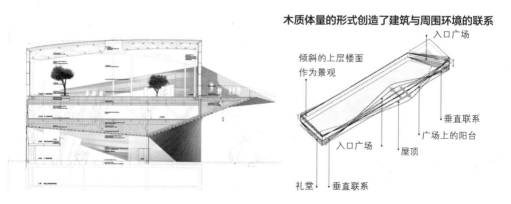

木质体量的形式创造了建筑与周围环境的联系

入口广场

倾斜的上层楼面作为景观

垂直联系

广场上的阳台

入口广场

屋顶

礼堂　垂直联系

综合式开放

散点开放

项目名称：中国昆山凤凰文化中心建筑设计竞赛（2013 年）
建筑设计：乔尔·桑德斯（Joel Sanders）、弗里兰巴克（FreelandBuck）
奖　　项：第一名
图片来源：http://www.joelsandersarchitect.com/

　　方案建筑面积达 8 万 m²，建筑由 4 个城市文化区块构成，每个区块设 5 层楼，各有一个建筑核心，设置了剧院、健身俱乐部、教育中心和展览馆。每个建筑核心外，都围绕着一个螺旋坡道，其上设有便利店、餐馆和咖啡馆等商业空间。4 个文化区块围合形成一个室外中心庭院，在这 4 个核心文化区块的上方是一个公共平台、空中花园，供市民们和凤凰传媒的员工们使用。平台之上是一个 20 层的办公塔楼。

　　建筑的整体性强，但并不封闭。4 个文化区块利用倾斜的界面限定出由外围到内部核心庭院的路径。倾斜的界面和区块间不同的间距使得空间形态多变，倾斜的界面就像拉开的帷幕，吸引人们进入中心庭院。由中心庭院而上到达屋顶平台，视野豁然开朗，空间由内聚变为外放。

　　底层开放与屋顶开放相结合的手法，使这栋庞大的建筑以一种积极融合的姿态展现在人们面前。

塔楼　TOWER

屋顶露台　TERRACE

书店　BOOK MART

文化迷你商场
CULTURAL MINI-MALLS

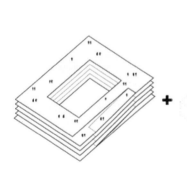
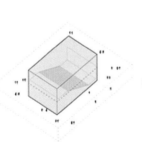
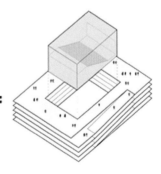

商场：中间是空的
MALL：CENTRAT YOID

文化建筑：中央实体
CULTURAL BLDG：CENTRAL SOLID

文化商场
CULTURAL MALL

分成四象限
SUB-DIYIDE BLOCK
INTO OUADS

激活周边
ACTIVATE THE PERIMETER

中庭激活内部
ACTIVATE INTERIOR
WITH ATRIUM

书店融合
UNIFY COMPLEX
WITH BOOKSTORE

综合式开放

"绿色飘带"

项目名称：法国巴黎住宅街区建筑设计竞赛（2016 年）
建筑设计：Se ARCH 建筑事务所、Atelier Phileas 和 LA 建筑设计有限公司
奖　　项：第一名
图片来源：http://www.archdaily.cn

在该方案中，建筑师用一条"绿色飘带"将几栋建筑连接在一起。

这座建筑容纳了 55 套家庭公寓、180 套学生公寓、75 套中产家庭住房，以及办公区、商业区域和地下停车场。

建筑师结合建筑功能把开敞空间设置于建筑的各个部位（包括顶层），赋予建筑开放、活泼的性格。

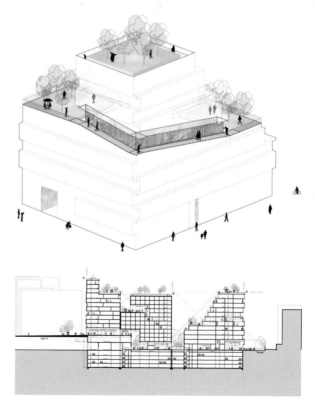

综合式开放

漂浮的"巨石"

项目名称：以色列国家图书馆建筑设计竞赛（2012 年）
建筑设计：ODA 建筑事务所
奖　　项：无
图片来源：http://www.oda-architecture.com/projects/national-
　　　　　library-of-israel

　　ODA 建筑事务所的建筑师们认为，21 世纪的图书馆应该是一个容纳各种活动、产生思想并交换思想的地方，是吸引学者和学生的地方，所以图书馆不应该是封闭的书房，而应是开放的广场。

　　建筑师将图书馆中最重要的阅读空间抬升至半空中建筑形态犹如一块巨石。基地的两个方向都存在高差，"巨石"像是从山中挖掘出来的一般。漂浮的"巨石"的一部分与大地接连，相接部分嵌入"洞穴"式的中庭。在中庭，坡道连接着不同高度的平台，以增加人们的交流互动，促进学科融合。"巨石"的下部开放，形成入口广场，预示着学习之旅的开始。人们可以选择从下层进入室内，也可以选择从上层进入室内。从下层进入室内，可以看到图书馆的工作流程，从上层进入则可以观看艺术展，最终的目的地都是阅览室。悬空"飘浮"使巨大体量的建筑在视觉上与附近的以色列议会建筑产生关系，传达着这样一个理念——教育和学习是民主的根本。

　　该建筑设计从几个方面表达了开放的理念：首先，在入口广场，在"巨石"的遮蔽下，限定了一个灰色空间，这是进入图书馆的前奏；建筑底层的透明玻璃幕墙也增强了图书馆与城市空间的渗透关系。其次，不同高度的平台和坡道将整个内部空间联系起来，增进各个功能区的交叉，使人们在图书馆室内感受到不同的空间氛围。沿着竖向交通路线而上，城市喧嚣之声渐小，室内光线也不断地变化。再次，"飘浮"的上层阅读空间被划分得自由、随意，高敞的下层空间则给人一种宁静之感。最后，是开敞的屋顶花园，在这里远眺城市，可以放空内心，归于宁静。

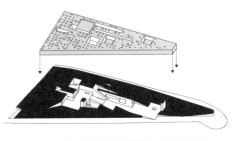

1.ELEVATED MONOLITH(READING)–EXCAVATED MOUNTAIN (EDUCATION)
抬升巨石——挖掘山体

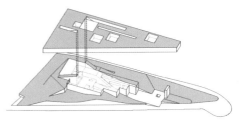

2.CAVERN: VOID CAPTURED BETWEEN MONOLITH AND MOUNTAIN
洞穴：山体和巨石之间留下灰空间

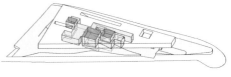

3.LANDSCAPE–OUTDOOR PUBLIC LOOP
景观——室外公共环路

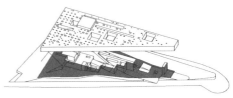

4.SHELTER
庇护空间

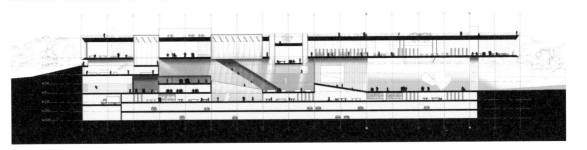

02

复杂的连续性

连续性在建筑竞标中也是很受重视的概念。连续与开放是两个相关的概念，经常被组合运用，但连续的不一定是开放的，开放的也不一定是连续的。开放强调的是空间之间的连通与渗透，而连续性则强调一种通达能力，或是将几个空间连接贯穿，或是将几个界面进行混接，目的是让行进者感觉不到间断。

根据空间形态，连续性可以分为线性空间（路径式）连续、平面空间连续和线面综合式连续三种。

连续的路径或界面，使通行的流线顺畅自然，从而缩短不同空间的心理距离，增强不同空间之间的关系，有利于人们的聚集、相遇与互动。同时，连续的运动给人们带来时间与空间交错的特殊体验，而这些都有利于心理诉求的实现。建筑师可根据项目性质的不同，在实现诉求的连续手法上进行尝试，获得创新。

之所以称之为复杂的连续性，是因为在线性连续中，建筑师往往通过重复叠加、网络化等手法摆脱单一"坡道"的单调而丰富空间层次。平面式连续也要综合考虑城市流线等设计条件，或通过重复交错使之更具特色。复杂的连续空间增加了空间层次，更具丰富性。

·线性空间连续。指建筑中存在一条线性路径，它贯穿建筑的各个空间，模糊了建筑内外的界限，使人不知不觉地进入建筑内部，也使建筑与城市之间有更好的联系，给人以亲切感。

·平面空间连续。除了强调路径的线性连续，还强调界面交融的连续。前者强调人在行走和进入时的感受，后者强调的是建筑界面与城市的连续融合，这样的界面可以被城市借用为广场等功能。

·线面综合式连续。在很多竞标方案中，连续性的概念是渗透在面、体、空间的综合之中的，它给公共空间带来更复杂、丰富的效果。

连续的空间给人们带来特殊的空间体验，有利于增加人们互动交流的可能性，是实现诉求的一种途径。但是想要做得有趣，就要适当增加连续空间的复杂性，并关注其对城市空间、室内空间的作用，简单地应用并不能取得理想的效果。本章所述案例中的复杂化连续性手法通过下表可以看得更加清晰。

线性空间（路径式）连续手法对比分析表

项目名称	建筑设计	手　法	竞标结果
瑞士钟表商博物馆竞赛	BIG	自我并置	中标
柏林新媒体园区竞赛	BIG	内外并置	未中
伦敦高层竞赛	SURE	上下并置	中标
阿伯丁城市花园设计竞赛	Diller Scofido & Renfro	网络化	中标
Beton Hala 滨水中心竞赛	藤本壮介	多层叠加	中标
新台北艺术博物馆竞赛	INFLUX_STUDIO	路径外置	未中
根特大学设计竞赛	SADAR+VUGA	串联 2 路径	中标

平面空间连续手法对比分析表

项目名称	建筑设计	手　法	竞标结果
莫斯科理工博物馆和教学中心竞赛	3XN	作为城市广场	未中
法国蒙特利尔人体博物馆竞赛	BIG	并置交错	中标
赫尔辛基中央图书馆竞赛	OODA	作为城市广场	未中
州立肯特大学的建筑楼竞赛	WEISS 与 MANFREDI	结合室内空间连续	中标

线面综合连续手法则更加复杂，涉及内外部空间、形体的连续交融。这些做法都是值得我们借鉴的。

线性空间连续

"叠合"路径

项目名称：瑞士钟表商博物馆建筑设计竞赛（2014 年）
建筑设计：BIG 建筑事务所
奖　　项：第一名
图片来源：http://www.big.dk/#projects-apm

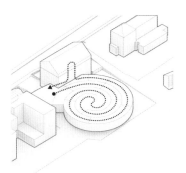

展览流线
展览流线连接了新旧博物馆

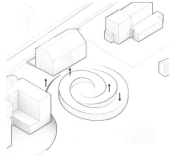

视线和光
螺旋形被抬升，带来了不同的视线和光

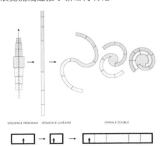

螺旋
展览序列被延展成为线性连续的螺旋空间，带来不同体验

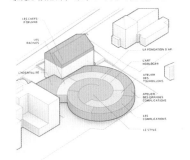

展览序列
展览序列被置于现存建筑之前，入口大厅连接现有的建筑，并连接展览与接待功能

在该方案中，螺旋状建筑形态与大地之间形成了良好的契合，给人深刻的印象。

建筑师把各展览空间做线性排列组合，然后盘卷起来，形成连续的线性空间。建筑基地在旧博物馆旁边，入口大厅将新旧博物馆连接，线性路径也将经过旧博物馆。盘卷的空间彼此紧密贴合，相互嵌套，剖面空间层次多，带来了新的设计可能。设计师巧妙地将空间上"拉"下"压"，引入风景与阳光。剖面上，相邻的两个空间共用一个界面，所以通过这些界面的虚实变化，可以带来不同的视觉体验。总而言之，该方案是把线性路径糅合、集中在一起，既改变了线性空间的单调性，又保持了空间连续的特性，使空间纯粹而不单调。

线性空间连续

螺旋"街道"

项目名称：德国柏林新媒体园区建筑设计竞赛（2013 年）
建筑设计：BIG 建筑事务所
奖　　项：无
图片来源：http://www.big.dk/#projects-axl

在该方案中，建筑师想要创造一个"三维社区"，让人们在此相遇互动。建筑师把不同的媒体单元排成线，在线性媒体"村落"旁，又设置了一条开放的"街道"，"街道"呈螺旋形上升。然后，建筑师将建筑形体向内移动，使临街面更加符合人的尺度，并留出屋顶广场供人活动。在螺旋形"街道"上种植有绿色植物。建筑内部的主要交通流线也是呈对角线上升的趋势。

在这个项目中，建筑师通过设计内外两个并行上升的空间来避免线性连续空间的单调。这两个并行空间可以相互渗透甚至相互借用，这样，建筑就在内外空间之间产生了变化，时而是广场，时而是街道。连续的街道使人们产生了邻里之感，空间的归属感加强。

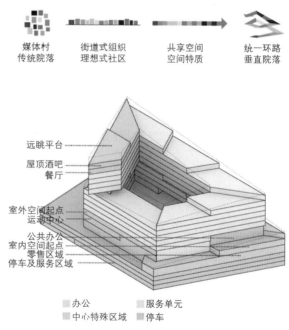

西柏林庭院 ＋ 东柏林高层 → 联合的柏林庭院式高层

媒体村传统院落　街道式组织理想式社区　共享空间空间特质　统一环路垂直院落

远眺平台
屋顶酒吧
餐厅
室外空间起点
运动中心
公共办公
室内空间起点
零售区域
停车及服务区域

办公　　服务单元
中心特殊区域　停车

水平 → 垂直 → 对角线

通过水平移动楼板引入对角式的流线，在物理空间和视觉效果上创造不同楼层之间的联系，同时还形成了两层通高的空间

094

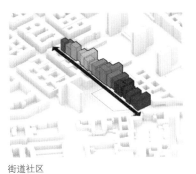

街道社区

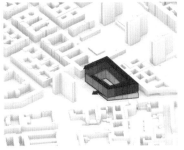

路径提升

体量后退减少邻里干扰

线性空间连续

平行"坡道"

项目名称：英国伦敦某高层建筑设计竞赛（2014年）
建筑设计：SURE建筑事务所
奖　　项：第一名
图片来源：http://www.archdaily.com

在伦敦某高层建筑设计竞赛中，SURE建筑事务所的作品"高无止境的城市"（The Endless City in Height）获得第一。在这个高层中，建筑师摒弃了楼层堆叠的形式，把两条街道尺度的坡道错落地叠在一起并向天空螺旋式延伸，内部空间连续，似乎没有尽头。两个环绕的坡道，在一些部位以天桥连接，创造了更多的人行通道。坡道两旁的商店有自己独特的店面，充满活力。

对于单一线性空间而言，重复是常用的避免空间单调的手法。当高层建筑中有两条坡道时，就产生了相互的关系，建筑师可以加强或减弱这种关系，也可以放大或缩小坡道，创造灵活多变的空间。

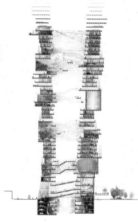
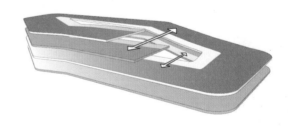
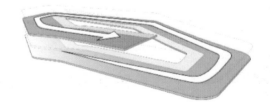

线性空间连续

"网络"路径

项目名称：英国阿伯丁城市花园建筑设计竞赛（2012 年）
建筑设计：Diller Scofido + Renfro 工作室
奖　　项：第一名
图片来源：http://malcolmreading.co.uk

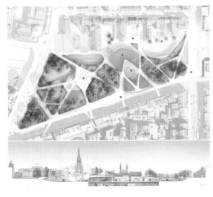

在阿伯丁城市花园设计竞赛中，Diller Scofido + Renfro 工作室的方案"花岗岩网络"（Granite Web）获胜。方案包括建造花园和一座文化艺术中心。由于经费问题，这个方案最后没能实现，但它对连续性空间设计的探索与尝试值得借鉴。

建筑师的愿景是，在城市中心把自然环境和社会文化结合在一起并形成一个社会网络。因此，建筑师将城市肌理延伸到公园里，表现出一种弹性，并保持一种内在联系；根据城市交通流线和周边功能，建立起三维路径网络，覆盖整个基地。在被抬高的路径下方形成广场、展览厅、教室、表演空间等，或虚或实，形成的坡起作为城市绿化，种植各种花草，完成与城市文脉的对话。抬高的路径还将废弃的马路和铁轨隐藏。下沉广场可用作集会、演出、滑冰场等，灵活多变。连续的路径将人们引导至花园，也把各功能空间整合在一起。功能空间穿插于公园绿化带之中，高低起伏，虚实并存，在不同的季节显示出不同的景致和城市生活。

紧密的连续性和空间的多样性使评委们眼前一亮。与常见的螺旋线不同，这样的网络线式联系可以与更多的方向产生联系，与基地周边的内在联系也更加紧密。

线性空间连续

浮动的"云"

项目名称：塞尔维亚贝尔格莱德 Beton Hala 滨水中心项目建筑设计竞赛
建筑设计：藤本壮介
奖　　项：第一名
图片来源：http://www.gooood.hk/_d275466467.htm

在塞尔维亚贝尔格莱德 Beton Hala 滨水中心项目竞赛中，藤本壮介事务所的提案获得第一。这个滨水中心被认为是滨水区与城市历史核心区的重要衔接点，也是旧城区一个充满活力的步行区中的重要节点。

藤本壮介的方案"浮动的云"（Floating Cloud）与中世纪的旧城肌理产生了鲜明的对比，将各种流线相互交错缠绕在一起，汇聚到位于中心的云广场。

通过对基地的详细分析，藤本壮介确定了每个重要入口，然后用环形坡道将这些入口连接，形成多样的路径；用环形桥梁（ring bridges）将历史建筑、萨瓦河、卡莱梅格丹公园、公交车站、有轨电车、轮渡口等重要节点连接在一起，与环境融为一体。而这些路径不仅是交通空间，还承担着各种功能——商店、咖啡厅、餐厅、展览、观景平台等。大型停车场在地面层，这些功能空间根据自身特点及其与周围环境的关系，被藤本壮介理性地分散在整个"云"系统中。路径时而是楼板，时而是屋顶，在不同的建筑元素中转换。剖面空间也充满不确定性，空间关系或紧凑或疏松，但在整体上保持了下高上低、下开放上私密的趋势。

空间充分连续统一，向心感强烈，各个路径之间没有明确边界，一切都处于混沌之中。在高低错落之中，各空间相互融合，视线、声音相交错，极度复杂。不再有层的概念，空间状态丰富，不同的人都可以找到适合自己的休憩点。人们在不知不觉中从滨水区来到历史区，体会到时空的变迁和平稳连续的动态观景。

方案中，由空间连续性产生了开放性、灵活性、可参与性、模糊性、流动性、统一性等多种空间性格，这种连续性将建筑与环境整合在一起，也将内部各空间整合在一起，使建筑像云一般浮于岸边。被高度凝聚在一起的各种空间，在统一中呈现着多元与活力。

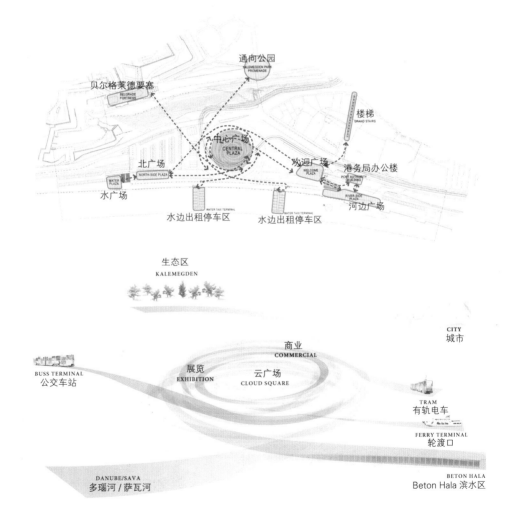

线性空间连续

外挂"螺旋"

项目名称：中国新台北艺术博物馆建筑设计竞赛（2011 年）
建筑设计：Influx_Studio
奖　　项：无
图片来源：http://www.designboom.com

在线性空间案例中，不难发现，要避免线式单调问题，可以采用上下并置、内外并置，或是在螺旋基础上连通空间等手法增加空间的复杂性，这样空间就可以给人多样的连续体验。坡道是线式的实体表现，董豫赣说："坡道不但能在连续运动中持续地改变人的视高与视角，还以动观的变化方式加剧视觉对象之间关系的丰富性。"坡道可以给人带来空间的同时感，并以运动的方式将空间与人紧密联系在一起，产生时空上的互动体验。

在新台北艺术博物馆建筑设计竞赛中，Influx_Studio 的提案虽未获奖，但其中也创新地应用了路径连续设计手法。

提案的最大特点是，建筑师将连续路径外置，而将展览空间内置，带来了不同空间体验。外置的路径更加强烈地表现了建筑的邀请性，它与周围的公园绿地相连接，过渡柔和，将建筑与环境整合。在上升的路径中，人们经过不同的空间，或开敞或封闭，而人们的活动也成为建筑立面呈现的室内场景的一部分，形成特殊的景观。

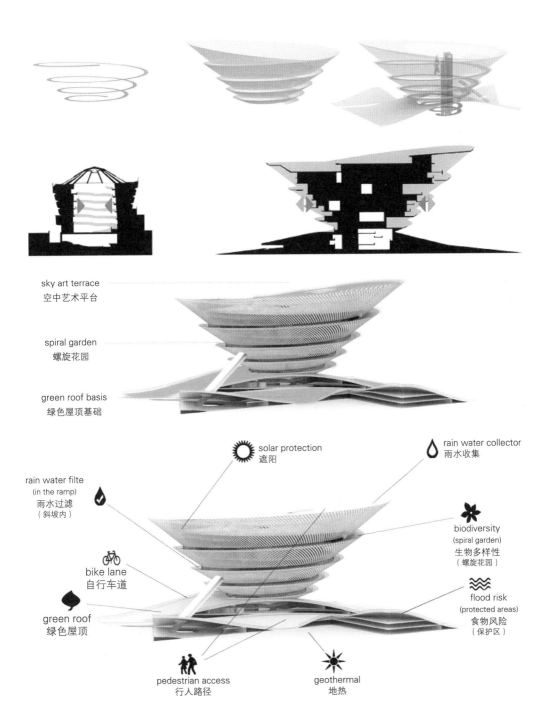

sky art terrace
空中艺术平台

spiral garden
螺旋花园

green roof basis
绿色屋顶基础

solar protection
遮阳

rain water collector
雨水收集

rain water filte
(in the ramp)
雨水过滤
（斜坡内）

biodiversity
(spiral garden)
生物多样性
（螺旋花园）

bike lane
自行车道

flood risk
(protected areas)
食物风险
（保护区）

green roof
绿色屋顶

pedestrian access
行人路径

geothermal
地热

线性空间连续

串联"环路"

项目名称：比利时根特大学设计建筑设计竞赛（2012 年）
建筑设计：SADAR + VUGA 建筑事务所
奖　　项：第一名
图片来源：http://www.sadarvuga.com/projects/current

在根特大学建筑设计竞赛中，SADAR + VUGA 建筑事务所赢得了比赛。建筑师用两个圆形中庭来统摄公共空间，线性的路径将两个圆形环路串联成一个整体，获得独特的空间连续感。与前面所述设计方案相比，这种连续感具有不同的倾向中心，表现出一种空间摇摆，使空间更加紧凑又相互保持独立。连续性在某种程度上拉近了空间距离，有利于人们的交往互动。

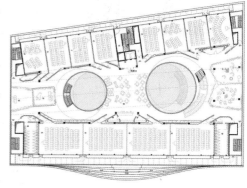

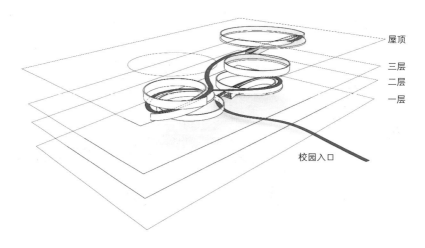

屋顶

三层

二层

一层

校园入口

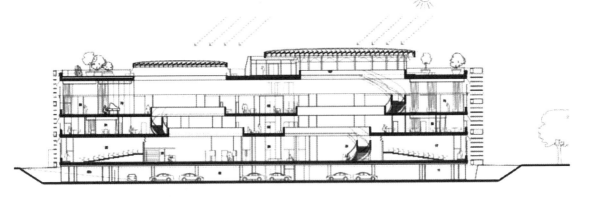

平面空间连续

露天"广场"

项目名称：俄罗斯莫斯科理工博物馆和教学中心建筑设计竞赛（2013 年）
建筑设计：3XN 建筑师事务所
奖　　项：无
图片来源：http://www.3xn.com/#/architecture/by-year/161-
　　　　　mec-moscow

　　在莫斯科理工博物馆和教学中心建筑设计竞赛中，3XN 建筑师事务所的入围方案就采用连续界面与城市作了良好的呼应。

　　建筑师希望该建筑能为城市公共空间作出贡献。建筑的西南角被逐渐压低，形成了室外台阶，可以作为城市露天剧场、茶座和室外休息广场。

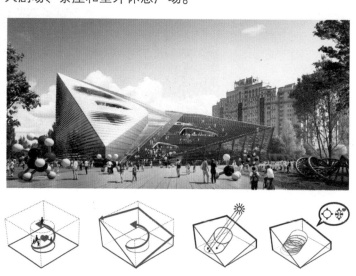

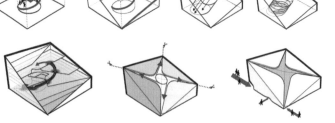

平面空间连续

对向"交错"

项目名称：法国蒙特利尔人体博物馆建筑设计竞赛（2013年）
建筑设计：BIG 建筑事务所
奖　　项：第一名
图片来源：http://www.big.dk/#projects-hum

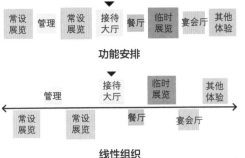

功能安排

线性组织

从线性组织压缩变形

从压缩形态变为有机形态

在法国的蒙特利尔人体博物馆建筑设计竞赛中，BIG 建筑事务所创造了一个建筑与自然的融合体。

建筑基地一侧是公园，另一侧是城市。BIG 建筑事务所将博物馆功能空间先排成一条线，然后进行错动与融合，像剪纸一样，对地面进行"切割"和抬升，形成来自两个方向的相互交错的坡面集合。坡面的铺装分别延续了城市的铺地和公园的绿地，城市与公园在这里完美地结合。倾斜的坡面屋顶还提供了面向城市和眺望公园的平台。这个平台同时也是室外活动场所。显然，两个方向的连续坡面碰撞形成的建筑形态，比一个方向界面抬升形成的建筑更富有趣味。

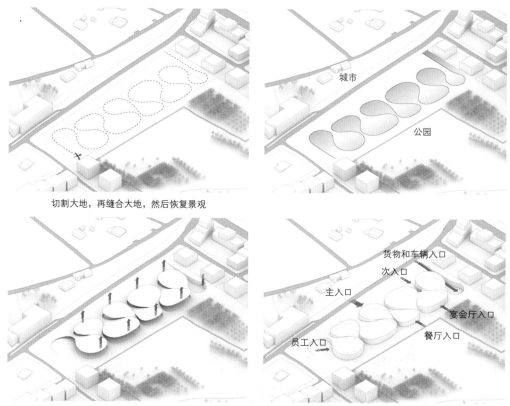

切割大地，再缝合大地，然后恢复景观

城市

公园

抬升的地面相互融合，在建筑内部形成了类似洞穴和壁龛的
连续空间。人站在台地上，可眺望远方

垂直界面设有多个入口

货物和车辆入口

次入口

主入口

宴会厅入口

餐厅入口

员工入口

屋顶景观设计符合人体工程学，其中有植物，也有矿物，等待着参观者去探索和
发现

平面空间连续

屋顶路径

项目名称：芬兰赫尔辛基中央图书馆建筑设计竞赛（2012 年）
建筑设计：OODA 建筑事务所
奖　　项：无
图片来源：http://www.ooda.eu

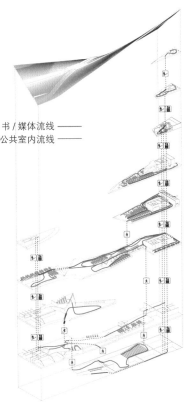

书 / 媒体流线 ——
公共室内流线 ——

在赫尔辛基中央图书馆建筑设计竞赛中，OODA 建筑事务所的参赛方案采用了面式的连续手法。

该方案试图将建筑与环境最大限度地整合在一起。建筑屋顶沿对角方向，一端被"按下"，与大地相接，由此形成一条公共路径，连接着城市与公园。建筑、人和环境被整合为一个整体。屋顶与大地相接，但又具有自己的边界，既融于地景又具有可识别性，给人们创造了一种独特的室外活动空间。建筑师希望图书馆不只是读书的地方，还是一个让人们进行交流、受到教育的公共场所，而屋顶的设计可以实现建筑师的这个想法。屋顶是城市的延伸，也是公园的延伸，从图书馆内部也可以到达屋顶。在这个屋顶上，人们可以读书、交谈、休憩、锻炼身体、玩耍，这里成了城市的活力节点。图书馆可以是人们去公园的路上随意停留或穿越的地方，读书成为人们生活的中间环节，而不再是一个孤立的行为，这就是连续的界面带来连续行为的意义。

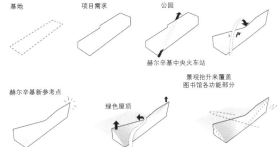

基地　　　项目需求　　　公园

赫尔辛基中央火车站

赫尔辛基新参考点

绿色屋顶

景观抬升来覆盖
图书馆各功能部分

平面空间连续

阶梯空间

项目名称：英国州立肯特大学的教学楼建筑设计竞赛（2013 年）
建筑设计：Weiss / Manfredi
奖　　项：第一名
图片来源：http://www.weissmanfredi.com/project/kent-state-design-loft

在这个方案中，建筑师更关注室内空间的连续性。建筑师设计了一个连续上升的建筑工作坊，面向室外草坪开放。建筑师对这个连续的序列空间未做详细的空间划分，使用时通过划分重组就可以多种活动，这里也可以容纳多种建筑教学模式和设计模式。连续的楼梯贯穿整个建筑。

为了增加室内采光，建筑师将连续楼板的坡起部分抬高到水平位置，形成天窗。3 个序列空间中嵌入了 1 个两层通高空间，连续空间呈现出韵律感。

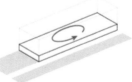

连续的工作坊

与大地相接，向城市开放

连接建筑内外

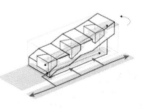

向天空开放并获得北向天光

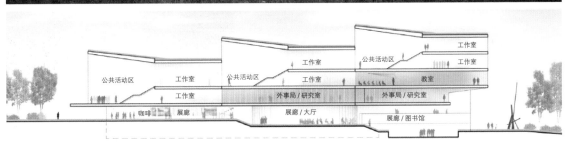

公共活动区　　工作室　　公共活动区　　工作室　　工作室

工作室　　公共活动区　　工作室　　教室

工作室　　外事局/研究室　　外事局/研究室

咖啡　展廊　　展廊/大厅　　展廊/图书馆

线面综合式连续

"之"字路径

项目名称：德国新柏林中心图书馆建筑设计竞赛（2013 年）
建筑设计：西班牙 Envés Arquitectos
奖　　项：第一名
图片来源：http://www.envesarquitectos.com/enlaces.html

　　在 2013 年举行的新柏林中心图书馆建筑设计竞赛中，西班牙 Envés Arquitectos 事务所提交的方案获得优胜。该方案提供了一个公共开放、自由舒适的会面场所。建筑通过一种连续的方式与周围环境进行对话，表现一种与大地亲和的水平延展性。

　　在建筑外部，最引人注目的是连续的屋顶。从屋顶设计图解中可以看到，建筑师首先设计了一个与地面相接的倾斜平面；其次，引入"之"字形的路径，将斜面进行划分，形成了连续的蜿蜒上升的屋顶形态；最后，通过局部切割形成梯田状屋顶，并设置了采光中庭和天窗。相应地，建筑师在建筑内部设计了一个连续的"板块"，"板块"不断连续上升，"板块"上布置有书架。为了加强人流通行的便利性，建筑师在"之"字形"板块"间插入了横向的连接走道。

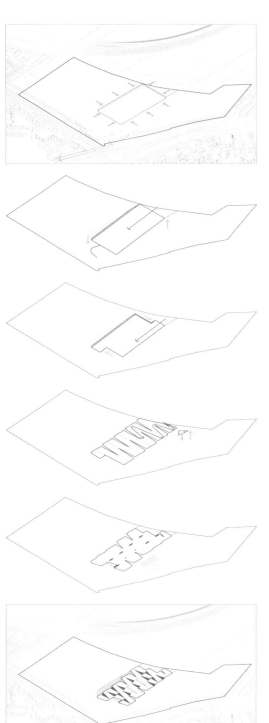

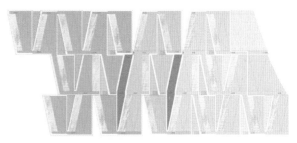

如果建筑只是一个线性的空间，那必然单调。在这个方案中，线性的"之"字形空间就像一个隐含在大空间内的空间，这种嵌套手法既将空间有韵律地分割，又保持空间的连通与渗透，在不同空间之间可以进行不同的界面处理，赋予空间开放性和灵活性，还创造了可长可短、可直可曲的路径。被切割出来的中庭均匀地分布在空间内，给空间带来明暗的变化。

这种由连续性概念演变形成的空间，既复杂多变，又充满活力。

屋顶设计图解

线面综合式连续

融合的"环"

项目名称：中国深圳方大总部建筑设计竞赛（2013 年）
建筑设计：华森建筑（Huasen Architects）
奖　　项：第一名
图片来源：http://www.archdaily.com

在深圳方大总部建筑设计竞赛中，华森建筑荣获第一名。方大总部大楼是一个集零售、办公、娱乐等多种功能为一体的综合体，4 栋高层建筑拔地而起，最昂著的特点是，4 栋单体在裙房处扭转形成一个环形空间。建筑师利用面的连续混接，将建筑单体整合，产生了一加一大于二的效果。4 个形体环绕而成一个中心广场，这是整个建筑群的核心虚空间，各种功能和交通流线在这个圆形的体量中衔接、复合，总部大楼的场所感得到提升。

在该方案中，连续的界面没有被用来加强建筑与环境的关系，而是被用来加强建筑单体之间的联系，这种手法赋予了空间向心性。

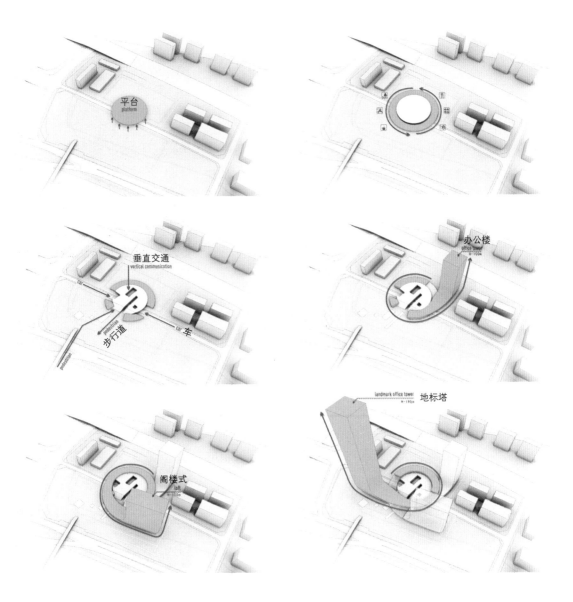

平台
platform

垂直交通
vertical communication

步行道
pedestrian

车
car

办公楼
office tower
H-100m

阁楼式
loft
H-100m

地标塔
landmark office tower
H-195m

线面综合式连续

"云"城市

项目名称：中国深圳湾超级城市国际竞赛（2014 年）
建筑设计：中营都市 +UFO（联合体）
奖　　项：第二名
图片来源：http://www.designboom.com/

在深圳湾超级城市国际竞赛中，中营都市与英国 UFO 联合设计的"云中漫步"（Cloud Citizen）方案获得第二名。该方案为深圳湾打造了一个城市金融中心，包括三栋高层建筑、若干文化建筑和大片绿色景观。该项目不是独立的超高层建筑，而是连续的空中都市，为人们提供悬浮的空中公共活动场所。建筑师把巨大的体量分解成小的单元，营造多样的空间来满足商业、文化等不同功能需求。每个开放空间连接着一个大型公园。在这个"云空间"中形成了充满绿色景观的复杂空间网络系统。这是一个三维立体社区，与未来服务型社会的发展方向相契合。另外，建筑师还考虑了雨水收集、太阳能发电等可持续发展战略。

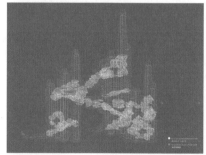

方案表现了建筑师对未来生活、未来城市的思考与探索。连续空间便于整合功能，也有利于促进人们的交往和交流。该方案所体现的是一种面、体解构性的连续，多变、多维、多层次，是复杂的巨系统，有很强的包容性。

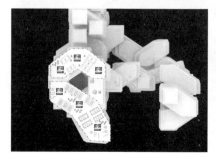

设计概念

1. 3 个核心筒立于 3 个主要地块上

2. 15 层高密度建筑块与核心筒相接

3. 增加核心筒，支撑建筑块

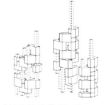

4. 由 3 个互相连接的 3D 结构构成

5. 3D 结构延伸出的体块相互连通，形成"云空间"

6. 利用延续的公共交通流线整合并形成建筑系统

7. "云城市"是一个空中功能和公共空间的关联系统

8. 错位及悬挑的楼板加强了建筑轮廓的动态感

生态绿化
水收集与净化
公共功能

9. "云城市"混合了商业、文化、社会、娱乐功能以及绿色技术方案于一个 3D 结构中

03

不确定的融合性

　　融合性强调营造一个自由的具有包容性的场所，人们在这个场所里可以看到不止一种场景，感受到不同的人、不同的活动和多元的城市生活。这一场所让人们不断感知着时间、地点、生活，强化自我存在感与身份感。自由的空间给人们自由、多元的选择，你可以远离，可以靠近，可以旁观，也可以参与其中，就像在城市广场上，人们随意组团、任意交谈，在与他人的接触中产生合作之感、社区之感、聚合感等。融合性空间就像城市广场一样，带给人在城市中的归属感。

　　不确定的融合性强调融合的本质与最终意愿，即建筑空间的缔造者并不确定融合什么样的功能，也不确定融合后的结果，而是依靠空间使用者的主动性和创造性来确定建筑空间的最终功能和氛围。在这种不确定性中，能产生让人意想不到的体验与感受。

　　融合性空间设计手法大致分为四种，即无走道式融合、交错式融合、单元社区式融合与溶质溶液式融合。

·无走道式融合。这是一种"无为而治"的空间阐释手法,建筑师不对空间做过多的干预和划分,只提供基本的空间框架,在这样的空间里,使用者根据自己的感受和想法来使用空间并营造空间氛围,最终展现建筑的功能与空间状态。这种手法似乎是把整个建筑做成"全面空间",当建筑空间与人形成默契的互动与配合,空间效果才得以实现。

·交错式融合。为了使各空间相互融合、渗透,从而使整个建筑空间具有整体感,很多建筑师用交错的方式,将相临空间的边界处理成模糊的、不确定的,各空间的独立性被减弱,空间便被纳入建筑整体中。在空间边界处,各种行为活动也将相互混合,这便促使多种事件的发生。

交错式融合可以是二维的,也可以是三维甚至多维的,它取决于建筑师对交错方向的把握。

·单元社区式融合。对于高层建筑而言,想要做到空间融合,受限较多。所以在高层建筑设计竞赛中,建筑师常用单元式的手法把空间化整为零,打碎重组,即把需要融合的功能空间先打散,然后再重组达到融合。

　　·溶质溶液式融合。这种手法是把不同功能、不同氛围的空间比拟成溶质和溶液，将"溶质"洒于"溶液"中，形成匀质或非匀质的融合空间。例如妹岛和世设计的 21 世纪金泽美术馆，就是在这种空间逻辑关系下演变而成的融合性较强的空间。这种空间没有明确的引导性，可能带来流线混乱的问题，但却能增加人们相遇的机会，引发更多的互动行动。

　　融合性带来不确定性，不确定性又进一步强化融合性，而人们将获得自由的空间氛围。

　　融合性，是对空间层次的不断思考与尝试，也对人流的分散与汇聚起到一定的引导作用。融合打破空间对人的束缚，让人更加自由地互动。

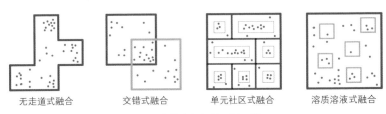

无走道式融合　　　交错式融合　　　单元社区式融合　　　溶质溶液式融合

四种融合性空间设计手法对比

无走道式融合

散落的"盒子"

项目名称：中国台中城市文化中心建筑设计竞赛（2013 年）
建筑设计：妹岛和世
奖　　项：第一名
图片来源：http://www.archdaily.com

　　在台中城市文化中心竞赛中，荣获第一名的妹岛和世的
作品就是无走道式融合的极致体现。

　　竞赛要求文化中心建筑兼具公共图书馆和艺术品博物馆
的功能，还应具有城市认同感——建筑本身就是一个艺术品，
能体现城市的乐观祥和与创造力。妹岛和世把巨大的建筑形
体处理得轻盈而优雅。建筑平面处理极简，一些空间被"随意"
地拼接在一起，没有"走道"，没有"房间"，没有空间的划分，
空间没有等级和层次，平等而自由，这与日本当今最流行的"超
级平面"思想相一致。

　　建筑被分为 10 个大小不同的空间单元，每个单元具有一
个功能。一些空间单元设在地面上；另一些则"悬浮"在空中，
其下是公共空间。各空间单元的楼板相互连接，保持着整体性。
空间单元或紧邻，或彼此交集，空间中的空白区和平台给人
一种置身城市的感觉。空间充满自由，便于使用者发挥主动
性和创造性，以不可预测的方式使用功能空间。空间通透，
具有穿透力，可与内外环境对话，使用者拥有丰富的视角和
行走路径，能时刻感受周围的人和事。

　　建筑平面虽简洁却很精致，原因在于建筑师对板正的矩
形进行了柔化处理，略被"扯"动的空间变得轻柔、舒缓，
改变了建筑空间的性格，使空间具有倾向性。

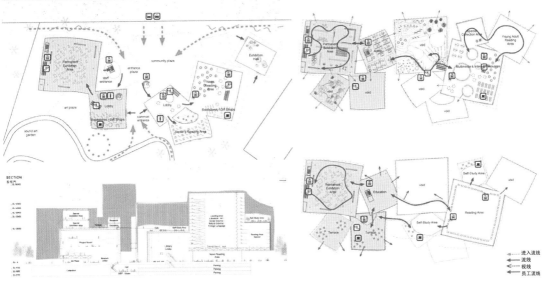

无走道式融合

空间"气泡"

项目名称：瑞士洛桑联邦理工学院建筑设计竞赛（2004 年）
建筑设计：妹岛和世与西泽立卫建筑事务所（SANAA）
奖　　项：第一名
图片来源：http://www.designboom.com/architecture

在洛桑联邦理工学院建筑设计竞赛中，SANAA 的方案夺魁。该建筑方案的平面设计就像金泽 21 世纪美术馆的平面设计一样，可谓 SANAA 的又一经典之作。整个空间开放，视线贯通，起伏的地面给人以置身室外的自然感受和趣味感。这是一种无缝的服务空间体系，各种活动（例如聚会、学习、工作等）都可在此开展。各活动区域的面积以及间距由使用者来把控，灵活性强。各类人群、各种事件交织于此，正符合校方促进社会多元文化交流的意图。建筑师的"无为"催生了多样的空间体验与生活状态；充分的交流互动满足人们自我认知的心理诉求。

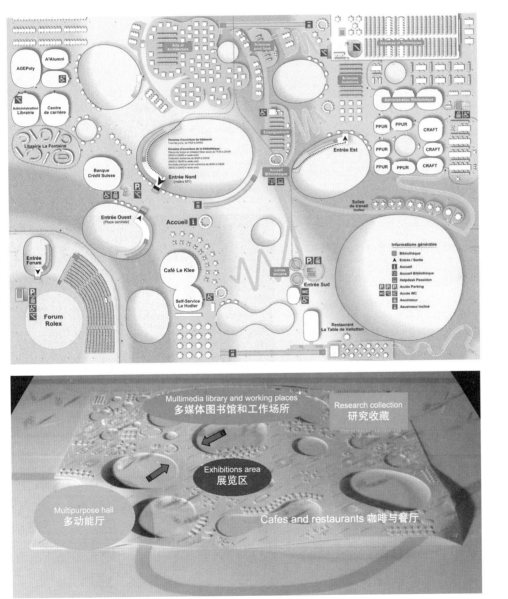

无走道式融合

置入城市肌理

项目名称：中国国家美术馆建筑设计竞赛（2010 年）
建筑设计：大都会建筑事务所（OMA）
奖　　项：无
图片来源：http://jianzhu.gongye360.com

在中国国家美术馆建筑设计竞赛中，OMA 的设计方案也使用了"混乱"的空间，不同的是，该方案在空间秩序设计中引入了城市结构，使巨大的空间有了大的层次。

面对建筑面积越来越大的博物馆，面对数量越来越多、种类越来越丰富的展品，OMA 不再把博物理解为一个庞大的建筑，而将其理解成一个微缩的城市。这个"城市"里有多种多样的空间，或公共或私密，丰富且灵活。在这一设计理念下，OMA 设计了一个巨大的建筑底座，基座中央升起一个"灯笼"形状的建筑体量。

城市生活是纷繁复杂的，是时刻变化的。在庞大的基座里，OMA 引入了西方城市的结构要素——道路、中心广场。"星形"放射状道路将几股主要城市人流导引至中心广场。基

巴黎鸟瞰图
图片来源: http://jianzhu.gongye360.com/news_
view.html?id=2492780

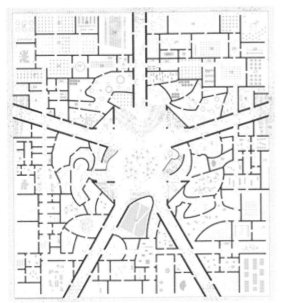

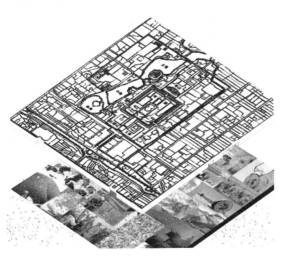

座内部部分区域则采用了一种渐变式的平面划分手法，从外围的方正网格系统向内转化为自由弯曲的划分系统。为了创造便捷的流线，建筑师设计了一条环形通路，但它隐藏在空间中，人们在此还是会有方向上的困惑感。

没有明确的道路和空间边界，人们可以漫游在美术馆中自由探索。在这种空间组织系统里，城市生活与艺术体验融合在一起。混乱从某种意义上说，会带来融合。OMA 对参观路线未做过多的设计，只控制了最主要的脉络；对展示区域不做详细划分，只做大致分区；对内部活动不做过多规划，允许多种活动场景自然产生。当人群、流线、活动混合在一起，就形成了一种城市的氛围，人们在体验艺术的同时也体验着生活；思考艺术，也思考着生活。

交错式融合

白色体与黑色体

项目名称：荷兰阿纳姆艺术中心建筑设计竞赛（2014 年）
建筑设计：BIG 建筑事务所
奖　　项：入围
图片来源：http://www.big.dk/#projects-arn

BIG 建筑事务所的阿纳姆艺术中心建筑设计方案采用了空间的二维交错融合手法。

建筑基地在莱茵河旁，艺术中心包含艺术博物馆和电影剧院两大部分。建筑师将这两部分的功能布置在基地两端，艺术博物馆面向莱茵河，电影剧院面向城市。两个空间具有不同的特征，剧院空间较为内向封闭，以便让人集中注意力，而艺术展品空间则宽敞开放。建筑师将封闭的观影空间定义为"黑盒子"（Black Box），展览空间定义为"白色立方体"（White Cube），并用一个斜向的过渡空间——"艺术广场"（Art Plaza）把两个体量交错相接。在整个矩形空间中，位于对角线上的艺术广场空间是开放的，它连通地面和屋顶，并模糊了两端功能空间的边界。体量的扭转使建筑表皮在中央部位产生虚实渐变，与内部空间相呼应。

建筑成为虚与实、内向与外向的综合体，不同体验的空间被糅合在一起，使空间产生渐变。

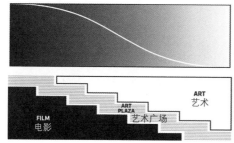

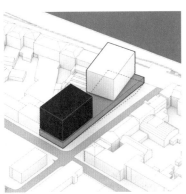

黑方块+白方块
我们希望两个体量位于两边，电影剧院面向城市、艺术博物馆面向莱茵河

对角组织
建筑功能以对角的形式被组织起来

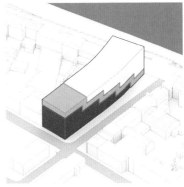

艺术广场
白色体与黑色体之间是一个开放的连续空间，可连通底层艺术广场和顶层面向莱茵河的冬季花园与餐厅

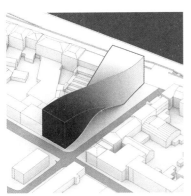

角度变化
简单的扭转使得两个颜色区的边界变得模糊

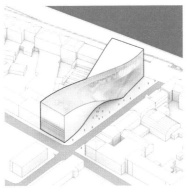

开放与封闭
建筑的一个面是玻璃的，这种表面从面向河流的体量角部开始，包裹斜向的艺术广场，结束于顶层的冬季花园。扭曲的玻璃窗引入日光，并给建筑内外的参观者以深刻的视觉体验

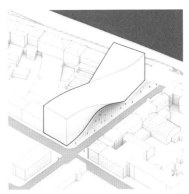

公共广场
扭转的建筑体量在建筑主入口附近形成了一个可以挡雨的室外活动空间，既活跃了街道氛围，也为开展室外艺术活动提供了场所

交错式融合

空间线性"网格"

项目名称：中国台中城市文化中心建筑设计竞赛（2014 年）
建筑设计：SANE 建筑事务所
奖　　项：无
图片来源：http://www.iarch.cn/thread-25078-1-1.html

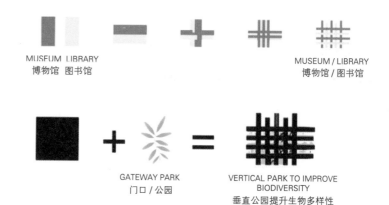

MUSEUM LIBRARY
博物馆 图书馆

MUSEUM / LIBRARY
博物馆 / 图书馆

GATEWAY PARK
门口 / 公园

VERTICAL PARK TO IMPROVE
BIODIVERSITY
垂直公园提升生物多样性

在台中城市文化中心建筑设计竞赛中，SANE 建筑事务所提交的方案采用了三维交错融合手法。

建筑师追求的是空间整合和空间渗透，他将公共图书馆和艺术品博物馆融合在一起，在一栋建筑中实现教育、艺术、娱乐的融合。同时建筑师还希望把建筑与基地旁边的公园景观融合，使建筑成为公园象征性的入口。

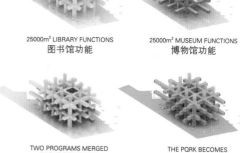

25000m² LIBRARY FUNCTIONS
图书馆功能

25000m² MUSEUM FUNCTIONS
博物馆功能

TWO PROGRAMS MERGED
IN ONE STRUCTURE
WITH INDEPENDENT
CIRCULATION SYSTEM
两个功能合并于一个结构中，但
是保持各自独立的流线

THE PQRK BECOMES
A NEW FUNCTION
IN THE BUILDING
融入绿色生态功能

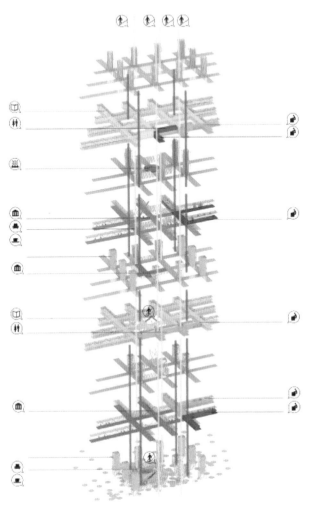

为实现上述愿景，建筑师采用了轻型建筑结构。建筑师把博物馆和图书馆都处理成线性空间，进行穿插形成三维空间，然后加以交错融合。两种功能空间共用垂直的结构支撑体系，共享一层大厅。这样，两种功能空间被有规律地打散并重组，相互交错的功能平台通过楼梯加强联系。从剖面上看，空间是不断变化的，空间具有多个层次，复杂多变却又具有整体性。同时，空间是疏松的、透气的。另外，屋顶绿化则使建筑更加融于环境。

交错式融合

海绵体

项目名称：中国台中大都会歌剧院建筑设计竞赛（2005 年）
建筑设计：伊东丰雄
奖　　项：第一名
图片来源：http://www.designboom.com

伊东丰雄设计的台中大都会歌剧院已于 2016 年竣工，在这个设计方案中，他所创造的空间是令人吃惊的，他的设计是富有前瞻性的。

大都会歌剧院地上 6 层、地下两层，主要包括大剧场（约 2011 席）、中剧场（约 800 席）和实验剧场（约 200 席）三大功能空间，另外还有会议室、办公室、餐厅等其他功能空间。建筑由三维空间的曲面墙构成，内部空间复杂而有机。

很多人分析该方案的空间设计，关注点主要在连续性上，但是如果从建筑的剖面来看，建筑空间的融合性也非常突出。在这个三维空间系统里，我们很难定义室内和室外，但如果把相邻空间视为具有相对的内外属性时，就会发现，内外空间总是交错地融合在一起，两者间的凹凸关系在空间中不断变化，内空间与外空间也不断放大、缩小、变形，空间的划分充满了不确定性。

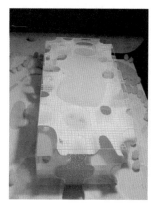

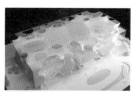
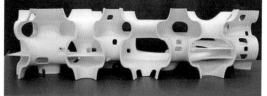

单元式融合

垂直社交

项目名称：比利时某高层住宅建筑设计竞赛（2014 年）
建筑设计：C.F Møller Architects and Brut
奖　　项：第一名
图片来源：http://www.archdaily.com/527797/c-f-moller-
chosen-to-design-antwerp-residential-tower/

该方案高层住宅共 24 层，包含 116 套公寓、商店、办公区和一些公共区。公寓面积有大有小，可供单身青年及多人口的大家庭居住。建筑师在建筑外层设计了一个阳台空间，户型相近的公寓被划分在一个组团里，每个组团都向阳台空间开放，以此来创建一个"迷你垂直社区"。

在普通高层建筑中，除了在电梯和大厅里，人们很难遇见自己的邻居，社区感极为薄弱。但在这个方案中，在不妨碍住宅私密性的前提下，建筑师把整体划分为单元，再在每个单元中置入阳台空间，以增加住户们相遇的机会，促进人们的交流与互动。同时，在屋顶，建筑师也设置了冬季花园等公共空间。

在建筑外层增加一个空间，并以单元的形式与主体功能进行融合，这种设计手法为住户提供了共享空间。在立面上，社区单元明显可见，在视觉上也彰显了空间状态和生活氛围，使住宅建筑具有自己的个性。

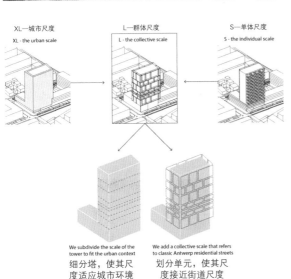

XL—城市尺度
XL - the urban scale

L—群体尺度
L - the collective scale

S—单体尺度
S - the individual scale

We subdivide the scale of the tower to fit the urban context
细分塔，使其尺度适应城市环境

We add a collective scale that refers to classic Antwerp residential streets
划分单元，使其尺度接近街道尺度

单元式融合

空中绿色社区

项目名称：中国温州永嘉世界贸易中心建筑设计竞赛（2013 年）
建筑设计：UNStudio
奖　　项：第一名
图片来源：http://www.unstudio.com

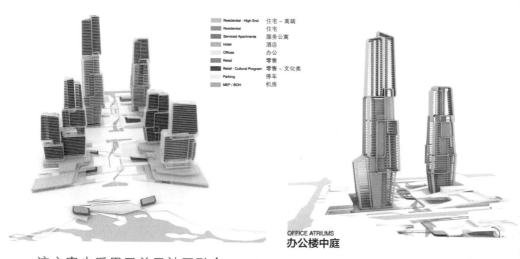

Residential - High End	住宅 – 高端
Residential	住宅
Serviced Apartments	服务公寓
Hotel	酒店
Offices	办公
Retail	零售
Retail - Cultural Program	零售 – 文化类
Parking	停车
MEP / BOH	机房

OFFICE ATRIUMS
办公楼中庭

该方案也采用了单元社区融合的手法。项目包括 5 座塔楼，建筑高度 146 ～ 278m 不等，具有办公、公寓、娱乐等多种功能。建筑师想要创造一个"空中绿色社区"，裙楼之上的 5 座塔楼，按照功能被划分为较小的体量，建筑师用突出立面的"框架"加以强调。框架重叠之处是公共空间，人们可在此远眺周围景观。建筑师将公共空间分散于不同的功能块之中，创造了空间使用上的融合性。

溶质溶液式融合

拓扑"景廊"

项目名称：中国青岛文化艺术中心建筑设计竞赛（2013 年）
建筑设计：史蒂文·霍尔（Steven Holl）
奖　　项：第一名
图片来源：http://www.archdaily.com

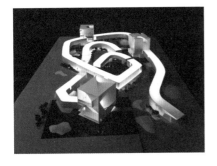

史蒂文·霍尔设计的青岛文化艺术中心方案就是一种隐藏的溶质溶液式融合。

该方案设计了 4 个较为独立的艺术博物馆，它们分布于以水景为主的景观花园之中，由一条连续的走廊连接。从总平面图中可以看到，3 个博物馆建筑被设计成富有雕塑感的立方体，另一个是环形体量，这 4 个体量散落在 4 个小型景观空间（art island）中。在景观空间中的水池的映照下，建筑与环境产生对话。

如果把博物馆空间理解为"溶质"，那么景观空间就是"溶液"，博物馆散落在景观中，既被景观空间所包围，同时也包围着景观空间，产生了相互嵌套的空间关系。两种空间的关系通过水面反射、庭院渗透等手法便发生了变化，产生了交融。在此基础上，用一条路径将空间串联，是在无序中形成一种秩序，来满足建筑的使用需求。路径在一定程度上对已有空间进行了再次分割，使空间产生很多空隙，视线关系时刻变化，体验更加多样。这种空间神似中国传统苏州园林。

溶质溶液式融合

柔和交融

项目名称：巴林巴布阿巴荷壬城市绿洲建筑设计竞赛（2012 年）
建筑设计：Influx_Studio
奖　　项：无
图片来源：http://www.archdaily.com

在巴布阿巴荷壬城市绿洲建筑设计竞赛中，Influx_Studio 事务所的提案十分有特点。在这个项目中，建筑师把景观与建筑、不同的建筑功能、自然与文化相融合，形成了一个全天都具有活力的城市聚集点。

从设计总图中可以看出，景观与建筑以相互侵入的方式融合交织成整体，这种空间的交织柔和而舒缓；在建筑坡面上，分散地置入了生态景观岛，使景观与建筑达到另一层次的交融。这种交融就像是两种液体混合后交融的瞬间，充满柔美、自然之感。建筑的形态也与自然形态产生了同构性，二者更加统一协调。

连续的坡面中置入了不同功能空间，包括商店、书店、礼品店、花店、咖啡店、餐馆、多功能厅、陈列室、艺术展廊等，它们相互提升了彼此的活力。在该方案中，传统建筑中功能空间的隔离与分级被打破，时间与行为交织，使建筑的使用率达到最优，空间组合不再有僵硬的分界。建筑师用溶质与溶液融合的逻辑关系实现了更高层次的空间融合及整合。

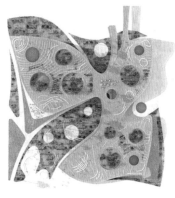 

| gentle topography
柔和的地形 | shade & cool
阴凉和凉爽 | green
绿色 | urban attractiveness
城市吸引力 | biodiversity
生物多样性 |

BAB AL BANRAIN URBAN OASIS
BAB 巴林城市绿洲

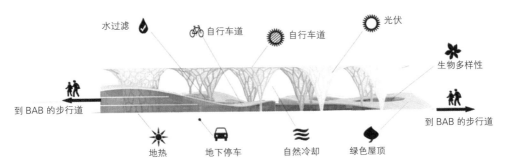

水过滤　自行车道　自行车道　光伏

生物多样性

到 BAB 的步行道　　　　　　　　　　到 BAB 的步行道

地热　　地下停车　　自然冷却　　绿色屋顶

太阳能屋面

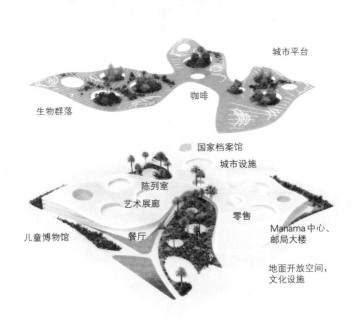

城市平台

生物群落　　咖啡

国家档案馆
城市设施

陈列室
艺术展廊
零售

儿童博物馆　　餐厅

Manama中心、
邮局大楼

地面开放空间，
文化设施

溶质溶液式融合

"包裹"空间

项目名称：中国国家美术馆建筑设计竞赛（2010年）
建筑设计：让努维尔
奖　　项：第一名
图片来源：http://www.archdaily.com

让努维尔设计的中国国家美术馆方案从剖面上看，也存在着空间融合的设计。

让努维尔认为，当代美术馆不仅应该是收藏展品和供人参观的地方，更应该是人们生活的一种场所。在这里，艺术家可以张扬自我，表达自我，获得认同感与身份感，而参观者可以获得各种交流与互动，可以体验探险、幻想等。美术馆应当是文化的承载、催化、传播之地。

建筑师采用以下几种手法来表达他的设计理念：第一，底层与顶层开放，增大建筑的公共开放程度，拉近人与天空的距离；第二，设置边庭花园，让自然融入建筑，给艺术家们提供可以亲近自然的创作空间；第三，用一个红色空间包裹其他空间，使空间的重力感消失，视线变幻莫测，给人置身室外的幻觉；第四，用形态各异的建筑体量加强空间的艺术气息，令人惊叹，使人兴奋。

04

多样的灵活性

　　建筑项目竞标时，建筑空间的灵活性也是设计方案取胜的关键因素。空间灵活可变意味着使用者能够按照功能需求对空间做适当的调整，来满足不同的使用需求。灵活性也表现为多样性。在当今时代，多样性心理诉求日益凸显，人们希望一栋建筑具有多种用途，一个空间能带来多重体验，不同空间可以相互借用，空间可随人的需求而改变。

　　多样的灵活性，是指空间的灵活性可以表现在空间视野、空间组合、功能配比、平面布局、空间互借等各个方面，着眼点是广泛的、无限制的。多样、灵活的空间设计来自建筑师对生活、对社会细腻的观察。

　　本章将多样的灵活性设计手法归纳为两种，即改变空间位置、功能以及空间互借。位置的变化可以带来功能的重新组合；空间大小、比例的变化，可以满足不同的使用需求。

　　空间的灵活性在建筑竞标中不是设计创意的主流，但如果用得恰到好处，也会收到意想不到的效果，关键在于对灵活性的切入点是否一针见血，能否与项目达到契合。

灵活性切入点及其竞标结果对比

项目名称	建筑设计	灵活性切入点	竞标结果
丹麦军队军营竞赛	ADEPT	不同时间的功能	中标
英国艺术家住所竞赛	学生	视野	中标
深圳安信金融大厦竞赛	OMA	核心筒布置	中标
Rødovre 摩天楼竞赛	MVRDV	功能构成	中标
釜山歌剧院竞赛	PRAUD	空间互借	未中
莱加内斯新雕塑博物馆竞赛	MACA	空间互借	未中
台北表演艺术中心	OMA	空间互借	中标

改变空间位置或功能

绿色建造

项目名称：丹麦军队军营建筑设计竞赛（2014 年）
建筑设计：ADEPT 建筑事务所
奖　　项：第一名
图片来源：http://www.archdaily.com

在丹麦军队军营建筑设计竞赛中，丹麦 ADEPT 建筑事务所的方案以其"绿色建造"的理念赢得了第一名。

该方案的"绿色建造"理念表现在两个方面：一方面，降低能耗，减少二氧化碳排放；另一方面，采用模数化组合的方式创造多变的形体，满足不同的军事需要。项目包括 3 栋建筑，分别是多功能楼、厂房和军营办公楼。每栋建筑都由一个核心和几个侧翼组成。核心是固定的，侧翼则是可以与核心组合、分离的。侧翼由 20 英尺 ×40 英尺的简单结构体构成。通过这种办法，建筑结构可以在较短时间内改变位置，适应新的功能，并且立面部件也可以依据需要进行拆装。

该方案通过改变建筑部分体量的位置实现了空间的不同组合，这是其中标的重要原因。

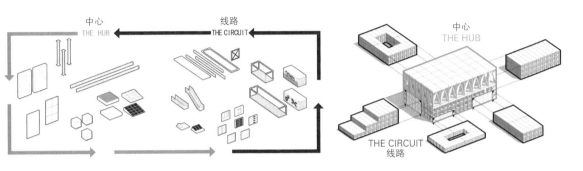

中心
THE HUB

线路
THE CIRCUIT

中心
THE HUB

THE CIRCUIT
线路

中心
THE HUB

综合楼建筑
MULTI-BUILDING

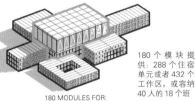

180 个 模 块 提供：288 个住宿单元或者 432 个工作区，或容纳 40 人的 18 个班

180 MODULES FOR:
288 accommodation units,
or 432 workstations, or 18 classrooms for 40 people

240 个模块提供：384 个住宿单元或者 576 个工作区，或 容纳 40 人的 24 个班

240 MODULES FOR:
384 accommodation units,
or 576 workstations, or 24 classrooms for 40 people

120 个模块提供：192 个住宿单元或者 288 个工作区，或容纳 40 人的 12 个班

120 MODULES FOR:
192 accommodation units,
or 288 workstations, or 12 classrooms for 40 people

车间建筑
WORKSHOP BUILDING

50 个模块提供：4 ～ 10 个厂房设施或者 120 个工作区，或容纳 40 人的 5 个班

50 MODULES FOR:
4–10 workshop facilities,
or 120 workstations, or 5 classrooms for 40 people

60 个模块提供：1 ～ 12 个厂房设施或者 144 个工作区，或容纳 40 人的 6 个班

60 MODULES FOR:
1–12 workshop facilities,
or 144 workstations, or 6 classrooms for 40 people

240 个模块提供：1 ～ 20 个厂房设施或者 576 个工作区，或容纳 40 人的 24 个班

240 MODULES FOR:
1–20 workshop facilities,
or 576 workstations, or 24 classrooms for 40 people

办公/兵营建筑
OFFICE/BARRACK BUILDING

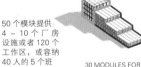

30 个模块提供：48 个住宿单元或者 72 个工作区

30 MODULES FOR:
48 accommodation units,
or 72 workstations

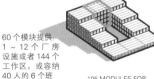

105 个模块提供：168 个住宿单元或者 252 个工作区

105 MODULES FOR:
168 accommodation units,
or 252 workstations

140 个模块提供：224 个住宿单元或者 336 个工作区

140 MODULES FOR:
244 accommodation units,
or 336 workstations

改变空间位置或功能

瞭望者

项目名称：英国某艺术家住所建筑设计竞赛（2014年）
建筑设计：Lauren Shevills, Ross Galtress, Charlotte Knight, Mina Gospavic
奖　　项：第一名
图片来源：http://www.archdaily.com

在为一名英国艺术家设计的住所设计竞赛中，几名年轻的毕业生赢得第一名。这个微建筑被命名为"天文台"（The Observatories）。住所由两个独立的建筑体量构成，其中一个用于研究、学习，较为私密；另一个用于工作，较为开放。艺术家可以在前一个体量中生活，在后一个体量中工作，便于与公众进行交流。

该方案最精彩之处在于，这两个建筑体量都可以360°地旋转，也就是说，使用者可以不断改变两个体量的相对位置，从而改变视野，也改变空间的私密程度。旋转结构用钢材做成，建筑可以在底部的轨道范围内移动。

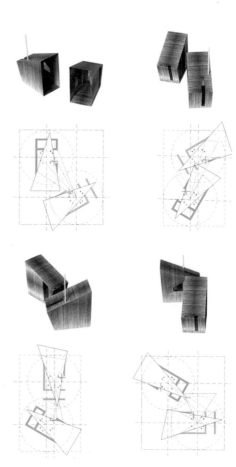

建造与限制

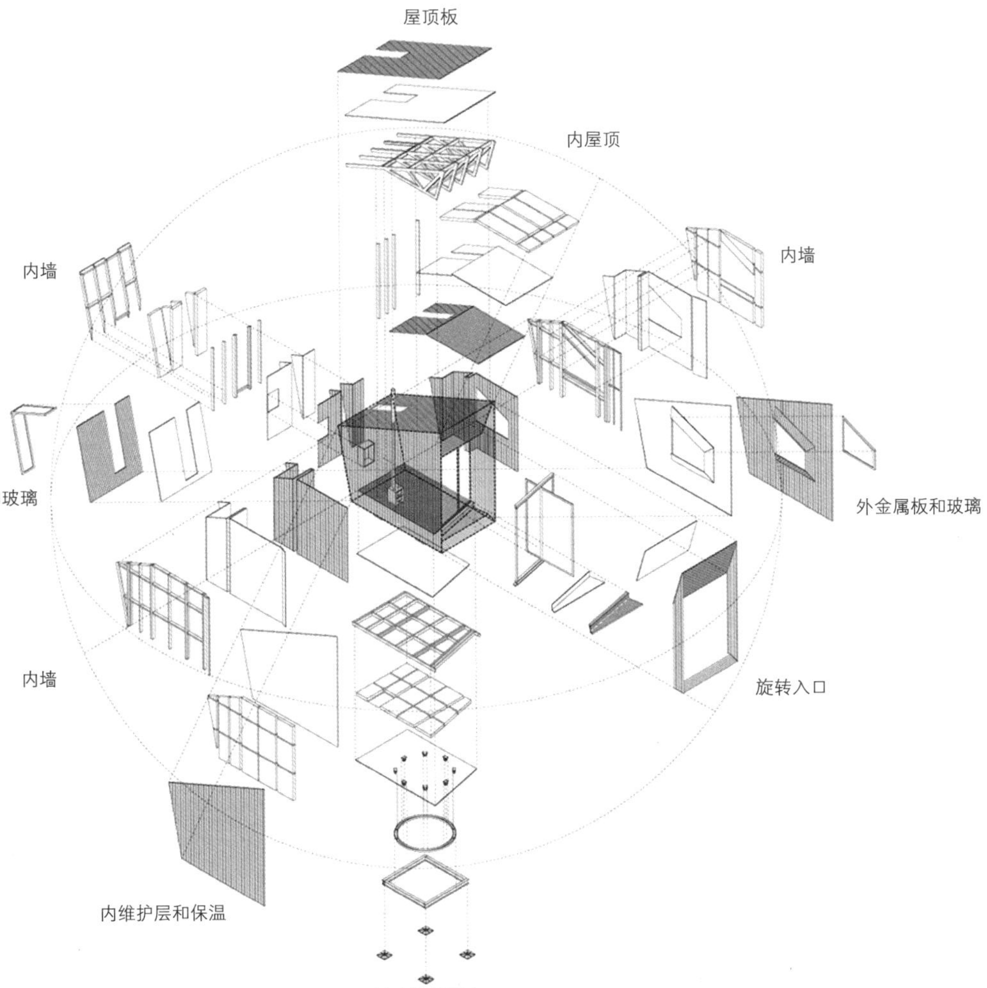

屋顶板

内屋顶

内墙

内墙

外金属板和玻璃

外金属板和玻璃

旋转入口

内墙

内维护层和保温

基础旋转平台

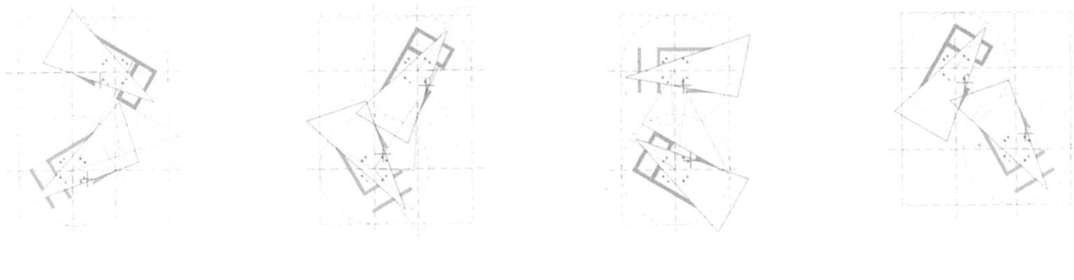

改变空间位置或功能

偏心交通核

项目名称：中国深圳安信金融大厦建筑设计竞赛（2013 年）
建筑设计：大都会建筑事务所（OMA）
奖　　项：第一名
图片来源：http://www.oma.eu/projects/2013/essence-
　　　　　financial-building

　　在高层建筑中，内部空间常因受到交通核的限制而不能做大、做开敞，空间的灵活性也因此受到影响。在深圳安信金融大厦建筑设计竞赛中，OMA 的设计是把建筑的交通核移至楼板边缘，这样就解放了建筑内部办公空间，既可以灵活布局，也可以更加灵活地设置中庭等通高空间，来增加办公空间的变化。另外，在楼层中部还设置了一个观景平台，作为员工的户外休息场所，这一设计也造就了与众不同的建筑立面形象。

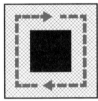

conventional
一般布局

EFB
偏置一边

PROGARM
功能分布

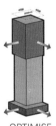

OPTIMISE
优化

VIEWING
DECK
观景平台

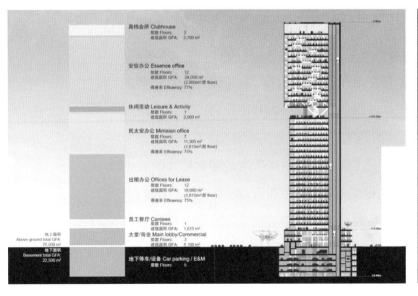

改变空间位置或功能

模块的"规模效应"

项目名称：丹麦哥本哈根 Rødovre 摩天大楼建筑设计竞赛（2008 年）
建筑设计：MVRDV 建筑事务所
奖　　项：第一名
图片来源：http://www.mvrdv.nl/en/projects/415_rodovre_skyvillage#

　　MVRDV 建筑事务所的 Rødovre 摩天大楼设计方案在竞赛中获得第一名。这个方案体现了空间的灵活性。建筑师为摩天大楼创建了一个简单的网格结构，任何形式的空间聚集形态都可以填充到网格内。网格的尺寸是 7.8m×7.8m，这个尺寸是在综合考虑了停车、居住、办公等功能空间的尺度后确定的。7.8m×7.8m×7.8m 的单元块被组织在一个核心结构的周围，单元功能可以根据需要在办公与居住间转换，而通过组合、拆分可以改变功能空间的大小，这样，功能比例和空间分配比例就具有无数可能性。这是一种可持续的灵活的空间组织方式，可以根据市场的变化，灵活配置住宅、办公、商业用房。

　　单元块的组合布置发生变化，阳光露台的位置也随之变化，形成良好的多样的视野效果。在靠近地面的位置，建筑师有意减少了单元块的数量，创造了半室外的入口广场空间。

　　这种处理手法在一定程度上摆脱了固定的建筑形式的束缚，以一种灵活可变的形式更好地回应市场、功能、景观、视线、阳光这些设计条件。这种将建筑"像素化"的处理方式具有鲜明的特色，有助于空间的拓展、蔓延和功能的有机组合，在 MVRDV 的 The Cloud 双子塔住宅等方案中也有所表现。

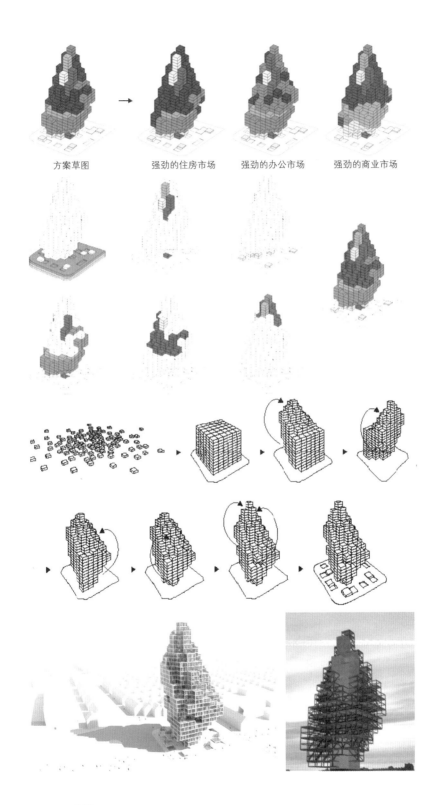

方案草图　　　　强劲的住房市场　　　　强劲的办公市场　　　　强劲的商业市场

空间互借

变换的舞台

项目名称：韩国釜山歌剧院建筑设计竞赛（2011 年）
建筑设计：PRAUD 建筑事务所
奖　　项：无
图片来源：http://milimet.com/2011/08/busan-opera-house-proposal-by-praud.html

　　在釜山歌剧院建筑设计竞赛中，PRAUD 建筑事务所的方案虽未获奖，但别具特色。该方案的设计概念是"让多样的表演设施共享一个分区"。一般地，共享途径有两种，要么共享公共空间，要么共享剧院功能，建筑师选择了后者，通过改变舞台和室内设施创造了多样的舞台形式和空间效果，还提高了空间利用率。中心的圆柱内包括了各个舞台和剧院设施，可以根据需要垂直移动，从而达到可变的效果。将各个观众厅空间"插"在这个可变的圆柱体上，实现了空间的不同组合与可利用。舞台设施可以垂直移动，在创造不同舞台效果的同时，还给圆柱体内部空间带来视线的变化。

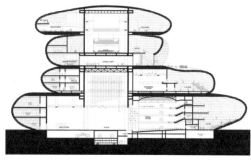

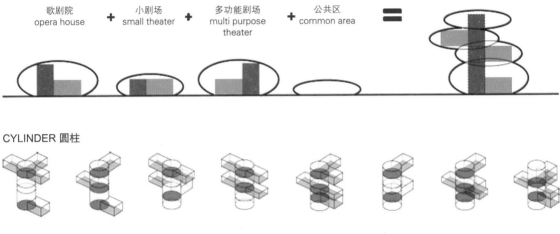

| 歌剧院
opera house | + | 小剧场
small theater | + | 多功能剧场
multi purpose
theater | + | 公共区
common area | = | |

CYLINDER 圆柱

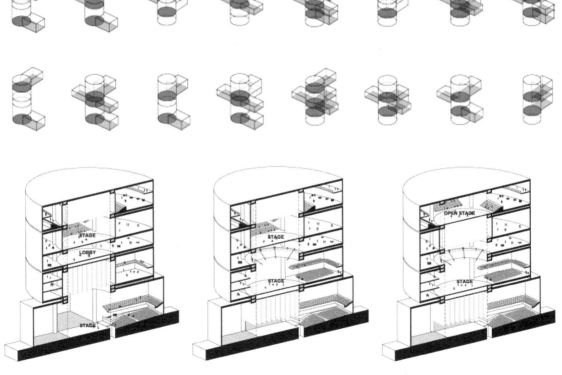

空间互借

"细胞"态

项目名称：西班牙莱加内斯新雕塑博物馆建筑设计竞赛（2011 年）
建筑设计：MACA 建筑事务所
奖　　项：无
图片来源：http://www.macaestudio.es

在莱加内斯新雕塑博物馆建筑设计竞赛中，MACA 建筑事务所的提案表现了建筑师对空间灵活性的思考。建筑师把博物馆设计成一个由五边形的"细胞"组合构成的有机建筑，这些"细胞"（单元体量）紧挨在一起，相互组合，没有明显的层级。这种处理手法一方面可以保证分期建设的灵活性，另一方面则有利于相邻空间的彼此借用。由于没有层级，所以单元组合的自由度更大。单元边界的开放程度也将给空间带来极大的变化，还可以创造多样的视线体验。这类空间不具有明确的路径导向，可以增加人们相遇的几率，也可以加强不同展区间的联系。

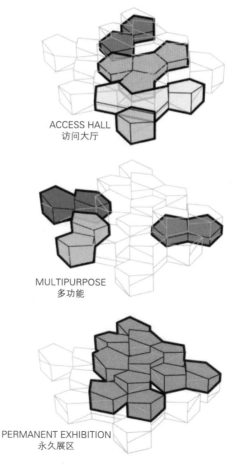

ACCESS HALL
访问大厅

MULTIPURPOSE
多功能

PERMANENT EXHIBITION
永久展区

**MUSEUM PROGRAM
博物馆功能**

GROUND FLOOR
Public program and temporary exhibitions
首层平面

05

可感知的自然性

在某些特殊的建筑竞标中，一些设计方案通过模拟自然空间的特征，例如光影、形态等，使空间更为亲切，给人以回归自然之感。人的自然属性决定了人对自然的天然喜爱，具有自然特征的空间能让人放松，人们渴望在城市中找到一片净土。

可感知的自然性，意为空间的自然属性能够被人的感官系统所感知。空间可以通过光、声音、图案，甚至是一种空间状态来激发人的感官体验。因此，本章分两节来介绍自然性，一是五官感知，二是状态感知。

我们可以从本章所举案例中借鉴表现建筑空间自然性的手法。在衍生的诉求中，很多是在人类社会性范畴内存在的，比如邻里感、合作感、聚合感，但自然性更关注人们回归自然的愿望，帮助人们去体会置身自然中的存在感与身份感，去思考人与自然的关系。

手 法 对 比

项目名称	建筑设计	可感知的自然性手法	竞标结果
伦敦自然博物馆设计新研究中心竞赛	Coffey Archi tects	光	中标
新富士山世界遗产中心竞赛	坂茂	视觉	中标
台中城市文化中心竞赛	KAMJZ Archi tects	视觉、听觉	未中
韩国大邱公共图书馆竞赛	JAJA	类树林空间	未中
阿富汗国家图书馆竞赛	TheeAe LTD	自然图案空间化、类树下空间	未中

以五官感知

树荫空间

项目名称：英国伦敦自然博物馆新研究中心建筑设计竞赛（2014 年）
建筑设计：科菲建筑师事务所（Coffey Architects）
奖　　项：第一名
图片来源：http://www.archdaily.com

在伦敦自然博物馆新研究中心建筑设计竞赛中，科菲建筑师事务所以一个简单、纯粹的拟自然空间方案赢得第一名。

该建筑空间的空间元素被定义为两种简单元素，即书架和顶棚。书架用于储藏研究工作所需的书籍，而顶棚则使室内空间充满了温暖、柔和的阳光。建筑师希望为人们营造一种在阳光周末坐在树下读书的氛围。

U 形顶棚和书架把空间划分为上下两个部分，半透明的顶棚材料使得上部空间轻盈通透，似有非有。阳光透过顶棚洒入室内，更是让人感觉仿佛置身于自然之中。没有厚重的屋顶，空间显得轻松而温馨。

The new research centre is defined by two simple elements, the bookcase and the canopy.
研究中心由两种简单元素构成：书柜和带来树荫感觉的屋顶

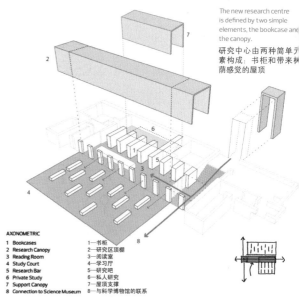

AXONOMETRIC

1　Bookcases	1—书柜
2　Research Canopy	2—研究区顶棚
3　Reading Room	3—阅读室
4　Study Court	4—学习厅
5　Research Bar	5—研究吧
6　Private Study	6—私人研究
7　Support Canopy	7—屋顶支撑
8　Connection to Science Museum	8—与科学博物馆的联系

以五官感知

水中映像

项目名称：日本新富士山世界遗产中心建筑设计竞赛（2014 年）
建筑设计：坂茂（Shigeru Ban）
奖　　项：第一名
图片来源：http://news.zhulong.com/read187323.htm

坂茂的新富士山世界遗产中心设计方案，以令人震撼的空间意境从众多参赛作品中脱颖而出。

建筑内层的木质结构呈倒金字塔状，它在水中的倒影让人想起富士山。木质结构有日本传统建筑文化的影子，更精彩的是坂茂利用水面倒影对空间进行了拓展，这种拓展可以让人产生联想。"当白云倒映在平静的湖面上，我看着水中的倒影，常常幻想自己是在空中俯瞰蓝天，水中可以有深邃宽广的空间，而水的轻柔波动更是模糊了幻想与现实，所以水里的空间虚幻神秘"，坂茂正是利用水的这一特性完成了这次设计。水中的影像就像远处的富士山，平静而谦和。这种视觉再现以及空间上的模拟，可谓做到了极致。

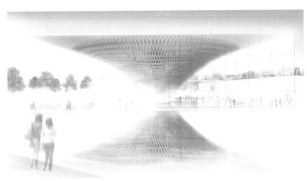

以五官感知

集水塔

项目名称：中国台中城市文化中心建筑设计竞赛（2013 年）
建筑设计：KAMJZ 建筑师事务所
奖　　项：无
图片来源：http://www.bustler.net/index.php/article

在台中城市文化中心建筑设计竞赛中，KAMJZ 建筑师事务所的入围方案也体现了对自然形态、声音的模拟。

台湾降水丰沛，但由于人口多，城市水资源仍显短缺。针对这一问题，建筑师提出设计一个"水阻尼器塔"（Water Damper Tower）的构想。设计方案除对建筑抗震、水资源收集利用等方面进行了考虑，对空间的处理也是别具一格。

建筑每层出挑露天平台，平台结构形态如水般柔和、流动，这有利于雨水的收集和建筑立面"瀑布"的形成。起伏的楼板延伸到室内，不仅把流水引入室内，而且使室内空间发生形态变化，让人产生身在室外的错觉。楼层平面的处理也尽量开放、少分割，以契合空间效果。形态流动的楼板收集雨水后，雨水自每层楼板下凹处溢流而下，形成瀑布一样的立面景观，亦虚亦实，清丽雅致且富于变化。水成了立面的一种材料，水声成了室内的背景乐，水的反射、透射则改变了室内的光线。在水环境中，建筑师还引入绿色种植，表现了真实的自然态。

雨水收集利用与空间形态相结合的设计，具有社会和美学双层意义，是可贵的。

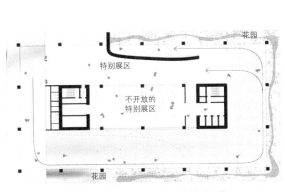

+5 LEVEL FLOOR PLAN　5层以上的平面图
INDOOR SPACE WITH OPEN MAIN EXHIBITION
室内主要的展览

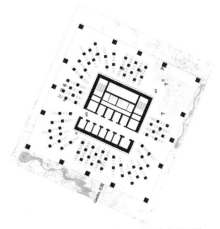

+8 LEVEL FLOOR PLAN　8层以上的平面图
READING AREA WITH INTEGRATED BOOKSHELFS
一体化书架的阅读区

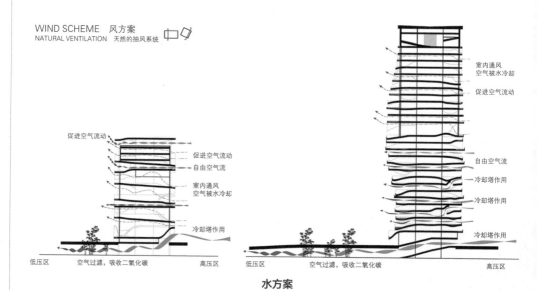

WIND SCHEME　风方案
NATURAL VENTILATION　天然的抽风系统

促进空气流动

促进空气流动
自由空气流
室内通风
空气被水冷却
冷却塔作用

室内通风
空气被水冷却
促进空气流动

自由空气流
冷却塔作用
冷却塔作用
冷却塔作用

低压区　　空气过滤，吸收二氧化碳　　高压区

低压区　　空气过滤，吸收二氧化碳　　高压区

水方案

集水器极具吸引力的公共点
刻意显露文化中心顶楼的水塔，以凸显其作为地震时保护建筑的展示性设备的角色

CULTURAL CENTER SECTION VIEW

整面玻璃幕墙由于强风的原因，15层以上的门面和玻璃幕墙都将关闭

层板楼

层板楼

层板楼
入口的保全点

层板楼

文化中心的景观图

建筑正面设计概念

缓慢流速

中等流速

较快流速

PRAGMATIC FORMLESS FORM CONCEPT
无形务实的形式概念

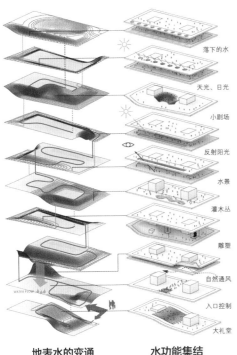

落下的水
天光、日光
小剧场
反射阳光
水景
灌木丛
雕塑
自然通风
入口控制
大礼堂

地表水的变通　　　　水功能集结

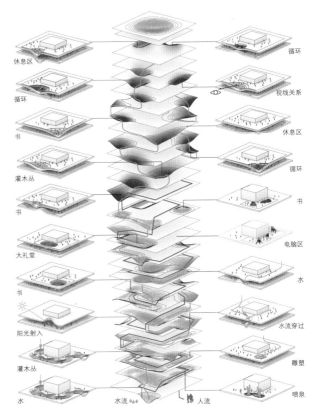

休息区
循环
书
灌木丛
书
大礼堂
书
阳光射入
灌木丛
水

循环
视线关系
休息区
循环
书
电脑区
水
水流穿过
雕塑
喷泉

水流　　人流

水功能集结　　　地表水的变通　　　水功能集结

以状态感知

树林"同构"

项目名称：韩国大邱公共图书馆建筑设计竞赛（2012 年）
建筑设计：JAJA 建筑事务所
奖　　项：第三名
图片来源：http://www.ja-ja.dk/sitepages

在韩国大邱公共图书馆建筑设计竞赛中，获得第三名的 JAJA 建筑事务所的方案表现了建筑与自然的极度融合。

建筑师希望消除室内外的隔离，将周围树林的自然状态充分引入室内，营造安静的读书空间——这在喧嚣拥挤的城市中是十分可贵的。为了使建筑尽量地融入周围环境，建筑师将建筑元素做到最简化——只有"飘浮"的薄楼板和纤细的柱子。大面积的透明玻璃使室内外视线通透、室内光线匀质，也淡化了室内外的边界。层层出挑的楼板创造了可容纳多种活动的室外灰空间，形成了自遮阳系统也使整个建筑形体显得更加轻盈。建筑内外具有了相同的空间感。

建筑室内元素只有"柱林" 和书柜，柱子顶部开圆形天窗，泻下天光，简单纯净。摆放整齐的图书成了建筑立面的一部分，以最简单的方式诠释图书馆建筑的性格。树林还给图书馆带来了诗意的四季变化。

建筑师用最简单的建筑形式创造最纯净的空间，"树"与"柱"赋予建筑空间和自然空间同构性，使二者气质相同且融合在一起，表现着建筑自身的自然性。

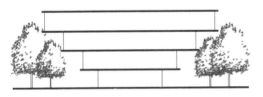

树与建筑

我们希望建筑形式最弱，以凸显现存树木的空间特质。图书馆利用形体转折变化达到室内外空间相互融合，营造一个有结合力的公共环境

表皮与书

建筑可以利用形体自遮阳（保护书），这样立面可以处理得很透明，使"书"成了立面的一部分。随季节变化，树的颜色不断更替，给建筑立面带来了不同的变化

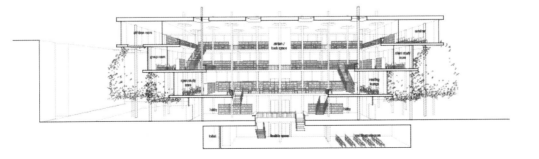

以状态感知

抽象树

项目名称：阿富汗国家图书馆建筑设计竞赛（2012 年）
建筑设计：TheeAe 有限公司
奖　　项：无
图片来源：http://theeae.com/museum.htm

在阿富汗国家图书馆建筑设计竞赛中，TheeAe 有限公司的方案虽未获奖，但中庭空间做得很精彩。

中庭空间的中心是一根饰有阿富汗传统装饰花纹的巨型柱子。建筑师认为，图书馆建筑不只是要满足收藏、阅读展览的功能，更要创造一个体验阿富汗文化的情感空间，所以运用提取自自然的阿富汗传统装饰图案设计支撑结构，并渲染空间氛围，结果创造了一种"树下"空间状态。

这种建筑的自然性是依靠建筑元素与自然图案的合二为一形成的。在镂空的结构下，随着日升月落，光影不断地发生变化，中庭空间也随之不断变幻着模样，给人丰富而奇妙的视觉享受。空间的自然性以最明确的立体图案形式来表现，具有视觉冲击力。比较有意思的是，在这个巨型柱内，还设置了人行坡道，当人们走到第三层时，花型装饰图案就呈现在脚下，因此人们可以在不同位置和不同视角下体验空间的自然性。巨型柱下端被一座水池环抱，在水面的映射下，中庭空间变得更加迷人。

在这种利用图案装饰空间的手法中，重要的是如何创造一个让人体验到复杂化、空间化和多样化的空间。

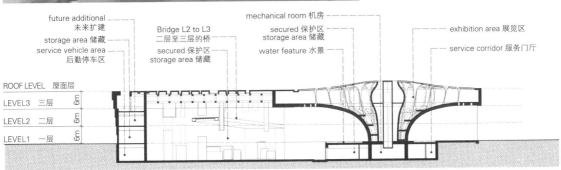

future additional
未来扩建

storage area 储藏

service vehicle area
后勤停车区

Bridge L2 to L3
二层至三层的桥

secured 保护区
storage area 储藏

mechanical room 机房

secured 保护区
storage area 储藏

water feature 水景

exhibition area 展览区

service corridor 服务门厅

ROOF LEVEL　屋面层

LEVEL3　三层　6m

LEVEL2　二层　6m

LEVEL1　一层　6m

内 容 提 要

本书对近年来国际建设项目竞标（包括邀请赛、公开赛）中的部分优秀建筑设计作品加以归纳和对比研究，总结了世界各国建筑师们在竞赛中表达的各类空间诉求，并对实现空间诉求的手法进行了剖析和解读。同时，本书更进一步地提出了满足存在感、身份感、社区感、合作感、影响力、联系性、邻里感、聚合感、多样感等空间诉求的设计手法，如空间开放性、连续性、灵活性、自然性、融合性等，并对这些设计手法进行了深入的阐述，可供设计之用。

本书可供建筑师、高等院校建筑专业师生、建筑学爱好者阅读使用。

图书在版编目（ＣＩＰ）数据

非标准概念 ： 当代国际竞赛"非常规概念重置" /
马辰编著. -- 北京 ： 中国水利水电出版社，2018.1
（非标准建筑笔记 / 赵劲松主编）
ISBN 978-7-5170-5881-6

Ⅰ．①非… Ⅱ．①马… Ⅲ．①建筑设计 Ⅳ．①TU2

中国版本图书馆CIP数据核字 (2017) 第236389号

书　　名	非标准建筑笔记 非标准概念——当代国际竞赛"非常规概念重置" FEIBIAOZHUN GAINIAN——DANGDAI GUOJI JINGSAI "FEICHANGGUI GAINIAN CHONGZHI"
作　　者	丛书主编　赵劲松 马辰　编著
出版发行	中国水利水电出版社 (北京市海淀区玉渊潭南路1号D座　100038) 网址: www.waterpub.com.cn E-mail: sales@waterpub.com.cn 电话: (010) 68367658 (营销中心)
经　　售	北京科水图书销售中心 (零售) 电话: (010) 88383994、63202643、68545874 全国各地新华书店和相关出版物销售网点
排　　版	北京时代澄宇科技有限公司
印　　刷	北京科信印刷有限公司
规　　格	170mm×240mm　16开本　10.25印张　159千字
版　　次	2018年1月第1版　2018年1月第1次印刷
印　　数	0000—3000册
定　　价	50.00元